气候变暖背景下中国三大积雪区 积雪变化对春季径流的影响

刘晓娇　著

海洋出版社

2023 年 · 北京

内 容 简 介

中国积雪主要分布在东北-内蒙古地区、北疆-天山地区和青藏高原地区,积雪融水量占全国地表年径流量的13%左右,在水资源管理和利用中具有重要作用。研究分析全球气候变暖背景下中国三大积雪区积雪变化及对春季径流的影响,对适应和应对未来气候变化带来的影响具有重要意义。

本书基于地面台站逐日积雪深度观测数据,结合经由气象台站校正的被动微波遥感雪深数据、水文观测资料,选取三大积雪区的19个典型流域,对升温背景下积雪变化特征及其对1960—2016年我国三大积雪区流域春季径流的影响进行了全面分析和评估。全书内容系统全面、资料丰富新颖、结构逻辑严密,是论述中国三大积雪区积雪变化对春季径流影响的综合性专著,对读者系统了解和学习寒区水文有重要参考价值。本书可供从事地学、生态学等方面的科研、教学和生产部门有关人员使用与参考。

图书在版编目(CIP)数据

气候变暖背景下中国三大积雪区积雪变化对春季径流的影响/
刘晓娇著 .—北京:海洋出版社,2023.7
ISBN 978-7-5210-1147-0

Ⅰ.①气… Ⅱ.①刘… Ⅲ.①积雪-影响-春季-径流-研究-中国 Ⅳ.①331.3

中国版本图书馆 CIP 数据核字(2023)第 144556 号

责任编辑:高朝君
责任印制:安 淼

海洋出版社 出版发行

http://www.oceanpress.com.cn
北京市海淀区大慧寺路 8 号 邮编:100081
涿州市般润文化传播有限公司印刷 新华书店经销
2023 年 7 月第 1 版 2023 年 12 月北京第 1 次印刷
开本:710mm×1000mm 1/16 印张:10.25
字数:138 千字 定价:88.00 元
发行部:010-62100090 总编室:010-62100034
海洋版图书印、装错误可随时退换

资助项目:

国家自然科学基金（42171145、42271154、42001102）

山西省青年基金（201701D221225）

山西省高等学校科技创新项目（201802105、2021L437）

山西省软科学项目（2018041063-5）

太原师范学院1331工程重点实验室建设项目（I170304）

太原师范学院研究生教改项目（SYYJSJG—2113）

山西省哲学社会科学规划项目（2022YJ116）

太原师范学院教学改革项目（JGLX2204）

山西省高等教育"1331工程"提质增效建设计划城乡统筹协同创新中心
项目（晋教科函〔2021〕3号）

山西省高等教育"1331工程"提质增效建设项目：服务流域生态治理产业
创新学科集群建设项目（晋教科函〔2021〕4号）

前　言

　　作为冰冻圈的重要组成部分，积雪是联系冰冻圈各个组成要素的重要纽带，也是影响全球气候系统的关键因素，不仅影响全球水分及能量平衡，还对植被生态系统、土壤性质、区域气候环境等都有影响。然而，随着全球气候变暖、气候极端事件频发，积雪时空分布发生了明显改变，尤其是在北半球中纬度及中低纬度山地等地区，从而使流域积雪水文过程也发生了明显改变。作为欧亚大陆积雪的主要分布区，中国积雪主要分布在东北-内蒙古地区、北疆-天山地区和青藏高原地区，正确认识积雪的时空变化特征以及分析研究全球变暖背景下中国三大积雪区积雪变化对春季径流的影响，不仅在水资源管理和利用中具有重要作用，而且对适应和应对未来气候变化带来的影响具有重要意义。目前，国内有关积雪变化对径流的影响研究主要针对某一流域，缺乏大尺度的宏观及区域差异研究。因此，本书全面分析和评估了过去50年积雪变化对中国三大积雪区春季径流的影响，研究了中国三大积雪区内流域春季径流对积雪深度和积雪日数的响应，探讨了温度升高背景下主要积雪区流域尺度上春季径流时空变化差异的原因，丰富了对积雪变化与径流关系的认识，可为进一步精确模拟和预估积雪区水资源提供科学参考。

　　全书围绕温度升高背景下的积雪变化特征及其对1960—2016年我国三大积雪区流域春季径流的影响展开论述。全书共分为9章，具体章节安排如下：第1章主要介绍本书的选题背景及意义，并对国内外学者在积雪变化、积雪变化与流域径流等方面的研究现状进行详细的总结。此外，本章对全书的研究内容以及整体研究思路进行简要的概述。第 2 章对我国东北-内蒙古地区、北疆-天山地区和青藏高原地区的自然地理状况进行简要的介绍，包括地理位置、地貌、气候条件等。第 3 章对本书中涉及的数据来源及研究方法进行详细的说明。第 4 章主要介绍中国三大积雪区的积雪变化，基于站点雪深数据，应用 Mann-Kendall 检验方法及线性回归法计算积雪初日、积雪终日、积雪期、积雪日数、冷季雪深 5 个指标的变化趋势，定量分析三大积雪区内各积雪参数的变化趋势。第 5 章主要介绍积雪区典型流域春季径流指标变化。本章基于流域径流数据，应用 Mann-Kendall 检验方法计算春季各月径流、春季径流及春季径流比重变化趋势，然后利用 ArcGIS 9.3 软件绘制各径流指标分布图，定量分析积雪变化背景下三大积雪区流域径流的变化趋势。第 6 章主要介绍冷季雪深变化对流域春季径流的影响，重点探讨三大积雪区冷季雪深变化与流域径流变化的关系，同时构建了雪深径流指数，用于表征冷季雪深对春季月径流的贡献程度。第 7 章主要介绍积雪日数变化对流域春季径流的影响，重点探讨三大积雪区积雪日数变化与流域径流变化的关系，同时构建了积雪日数径流指数，用于表征积雪日数对春季月径流的贡献程度。第 8 章主要介绍积雪变化对春季径流影响的时空差异性及原因，重点探讨全球变暖背景下，我国三大积雪区积雪变化对径流影响的时空差异性及原因分析。第 9 章为全书的结论与展望，对本书研究结果进行了详细的总结，提出本书的创新点，并针对本书的不足之处，对下一步工作进行展望。

本书的编写工作得到国家自然科学基金、山西省科技厅、山西省教育厅、山西省哲学社会科学规划办公室、太原师范学院的大力支持，由国家自然科学基金（42171145、42271154、42001102）、山西省青年基金（201701D221225）、山西省高等学校科技创新项目（201802105、

2021L437)、山西省软科学项目（2018041063-5）、太原师范学院 1331 工程重点实验室建设项目（I170304）、太原师范学院研究生教改项目（SYYJSJG—2113）、山西省哲学社会科学规划项目（2022YJ116）、太原师范学院教学改革项目（JGLX2204）、山西省高等教育"1331 工程"提质增效建设计划城乡统筹协同创新中心项目（晋教科函〔2021〕3号）、山西省高等教育"1331 工程"提质增效建设项目：服务流域生态治理产业创新学科集群建设项目（晋教科函〔2021〕4 号）共同资助。

　　另外，特别感谢我的恩师陈仁升研究员，无论是本书的选题、构思，还是数据分析、讨论等均与本人博士期间的工作密切相关，陈仁升老师给予了大力指导与帮助，提出很多建设性的建议，使本书内涵得到了大大的提升。此外，感谢刘俊峰师兄对本书所涉积雪深度研究程序及软件操作方面给予的帮助与指导；感谢同师门王希强对本书数据分析及图表规划方面所给予的大力帮助与指导。感谢海洋出版社的相关工作人员对本书出版工作给予热情的帮助与指导。本书在编写过程中，还参阅、引用了国内外学者的相关论文和著作，在此一并致谢！

　　笔者立足于自己的教学和科研工作，期望为积雪变化与径流关系的认识和进一步精确模拟和预估积雪区水资源做出微薄的贡献。但面对浩如烟海的文献资料，加之笔者的能力、水平和时间所限，作品编辑成书后，存在疏漏和错误之处在所难免，殷切希望读者批评指正，笔者将在今后的教学和研究工作中不断修正完善本书，力争使之成为一本理想的教材和科研参考书。

刘晓娇

2022 年 12 月于太原

目 录

第 1 章

绪 论

1.1 研究背景及意义

继第四次和第五次评估报告之后，联合国政府间气候变化委员会（IPCC）第六次评估报告再一次证实全球气候正在变暖。特别是在过去的几十年，增温非常明显。全球气候变暖已经成为无可争议的事实，而且比想象中来得更快，甚至有科学家称之为"危险的气候变暖"，并认为这是全世界最大的环境挑战。而这种增温趋势并没有停止，模型预测到 2100 年，在同时考虑温室气体的增温作用和气溶胶的降温作用后，全球气温在 1900 年的基础上可能升高 5.8℃，并且由于下垫面不同，区域之间响应气候变化的温升幅度不同。比如，西北欧地区最高温度比同纬度的北美洲高 10℃，这是由于强烈的热盐环流将温暖的海水向北输送到大西洋盆地。一些极端环境区域，对气候变暖更为敏感。比如，北极地区正在经历有史以来最快速、最严峻的气候变暖，表现在气温、降水、水文循环等方面都发生了显著改变，特别是海冰消融加快。在南半球，20 世纪后半叶以来南极半岛地区增温幅度超过其他任何陆地系统。被誉为"第三极""世界屋脊"的青藏高原对气候变化更为敏感，其增温幅度明显高于中低纬度的周边区域及北极地区和西伯利亚地区，特别是在 1999 年至 2010 年间的全球增温减缓时期，青藏高原地表增温幅度反而更为显著。气候变暖给全球带来了显著影响，如农业、水资源、自然植被、海岸带、生物多样性及人类健康等，甚至会造成生态灾难、经济灾难和社会灾难，同时对国家安全也会提出巨大挑战。

地球生物圈中，冷环境占绝对主导地位，如中高纬度的北极、南极以及位于欧亚大陆中低纬度、高海拔的青藏高原。作为冷环境的主体，冰冻圈是全球气候系统不可分割的重要组成部分，是指在地球表面连续分布而且具有一定厚度的负温圈层，该圈层也被称为冷圈、冰圈或者冰雪圈，占全球陆地面积的 52% ~ 55%。冰冻圈系统包括地球系统中以固体形式存在的水，如湖冰、河冰、海冰、冰川（包括冰盖）、冻土（包括永久冻土和季节性冻土）和积雪等。作为气候系统的圈层之一，冰冻圈既是气候的产物，又会对气候变化产生显著影响。在全球变暖大背景下，冰冻圈已经出现了严重的萎缩。例如，Cook 等（2005）利用 200 幅 1940 年至 2001 年的历史航空照片以及 100 幅自 20 世纪 60 年代以来的卫星图像，解译得出在过去的 61 年中，南极洲 244 个冰川有 87% 在萎缩，而且在此期间萎缩的范围已大幅度向南移动，并认为这种现象与南极洲半岛空气温度剧烈变暖有紧密关联。康世昌等（2020）综述了欧亚大陆和北极积雪范围、时间变化的评估结果，认为近几十年来，这些区域积雪范围明显缩减，积雪期缩短，即积雪初日延后、消融期提前，但积雪变化存在显著区域差异。同时，"一带一路"沿线区域的海冰主要分布于北极，近几十年来夏季北极海冰范围快速缩小、厚度减薄，多年冰减少，海冰正处于快速萎缩中。而"一带一路"沿线区域的河/湖冰主要分布在欧亚大陆的高纬度和高海拔地区，近几十年来，河/湖冰呈现初冰日延后、消融日提前、冰封期缩短的趋势。此外，在青藏高原地区，已经有大量事实证明该地区多年冻土发生了显著退化，表现为冻土表层温度升高、活动层厚度增大、植被退化及土壤沙化等；

从分布面积来看，具体表现为冻土北界南移、南界北移，分布下界上升，面积呈急剧减少状态。

积雪作为冰冻圈的重要组成部分之一，是通过降雪与风吹雪搬运并堆积所形成的覆盖于地球表面的雪层，是地球上温度低于零摄氏度的寒冷季节或寒冷地区的一种特殊自然现象和景观。就空间范围而言，积雪是冻土（约 $6.5×10^7\ km^2$）之后冰冻圈的第二大组成部分，冬季平均最大积雪范围为 $4.7×10^7\ km^2$，其中，约 98% 的积雪位于北半球，占北半球陆地总面积的一半、全球陆地面积的 8%。北半球的积雪主要分布在欧亚大陆，有 60%~65% 的冬季积雪分布于此。

积雪作为气候系统中一个非常重要的因子，在全球气候变暖背景下，对气候变化也十分敏感，既是冰冻圈与其他组成要素联系的重要纽带，也是影响全球气候系统的关键因素。众多学者称积雪为全球气候变化的一个重要指示器，同时也是全球气候变化研究的一个关键变量。相关研究表明：北半球的积雪范围已经呈现逐渐萎缩的趋势，如北美大陆、欧亚大陆、我国青藏高原等地区。例如，Ji 等（2014）通过模型模拟研究得出由于全球不同区域温升幅度不同，在过去将近 100 年的时间里，由于气温升高而导致北半球亚极地地区的积雪范围减小了 7% 左右。任艳群和刘苏峡（2018）发现，1979—2013 年北极圈及北半球积雪范围和海冰面积呈现显著减少趋势，以上现象都与所处区域年平均气温升高有关，但积雪和海冰对温度的响应时间存在差异，具有空间变异性。IPCC 第五次评估报告也通过卫星遥感数据再次证实北半球的积雪范围在 1966—2005 年减少了约 5.6%；同时，气候模型模拟结果表明到 21 世纪末，北半球积雪范围会进一步严重萎缩，特别是在欧亚大陆。

积雪变化会影响整个冰冻圈及地球系统的其他圈层。积雪作为大气和土壤之间交换的媒介之一，其积雪初日形成的早晚、积雪深度、累计积雪天数等都会对区域乃至全球环境产生影响，包括气候、土壤养分状况、土壤含水量等。相关学者已经证实，积雪的改变对季节时间尺度、年际时间尺度，甚至数十年时间尺度上的其他气候成分如土壤湿度和大气环流变异性都有直接或间接的影响。积雪消融对区域甚至全球水资源造成显著影响。例如，较早的春季融雪、较短的积雪季节、较低的径流峰值，以及雪崩事件高发的可能性等，特别是在积雪丰富的区域。积雪具有低热传导、高相变潜热、高反射率等特点，使之可以改变大气与地面之间的水分和热能互换，从而影响大气环流和气候的总体变化趋势，并在全球水循环、辐射平衡以及能量交换中发挥至关重要的调节作用。比如，Immerzeel 等（2009）研究发现，在喜马拉雅山和青藏高原地区的积雪覆盖程度可能影响季风的强度，源于高原上方的对流层气温比地球上同等海拔高度的气温高，这是海拔超过 3500 m 高原的热源作用导致的。此外，积雪对区域生态系统也会产生一定的影响，包括土壤大型动物、土壤微生物、食草性动物和昆虫的生活习性会因积雪的多少而受制约，最终对生态系统的生产者——植物群落产生直接或间接的影响。

积雪变化还被认为以多种方式影响地表温度，如新雪的高反射率可使地表反照率增加 30%~50%。早期的经验研究发现，异常的积雪可以使地表温度降低约 5℃，后来的建模结果也证实了经验计算，即积雪会降低地表温度。然而，不同的研究对于积雪降温作用的判定差异很大，如 Walsh 等（1988）进行的模型研究表明，异常积雪的降温幅度可高达 10℃，而 Cohen 等（1991）则认为，异常积雪的降温幅度仅为 1~2℃。从另外一个角度来讲，积雪减少则会使地表温度升高，如 Chapin Ⅲ 等（2005）综合了来自阿拉斯加（位于北极圈区域）的野外气象站点数据，证明夏季地面反照率的改变对近期的高纬度变暖趋势做出了十分重要的贡献，而阿拉斯加地区明显的夏季变暖与较早的春季融雪引起的无雪季节延长有关。Hansen 等（2004）估计，在地球气候方面，北半球雪冰上的黑炭对观测到的 1880—2000 年气候变暖有 1/4 的贡献。积雪上黑炭的存在，使地表反射率下降了几个百分点，表明了潜在的积雪在调节气候系统方面发挥了重要作用。

　　研究积雪变化可以为区域水资源的分配利用提供数据支撑，同时对区域内气候以及生态环境安全保障具有重要作用。如肉克亚木·艾克木等（2020）对新疆博斯腾湖流域积雪时空变化特征及其与气候因子的关系进行了研究，发现该地区 2001—2017 年的积雪覆盖月数曲线呈"V"形变化，而且在夏季和冬季呈减少趋势；从积雪日数来看，空间分布也很不均匀，与海拔高度呈正相关关系，海拔越高，积雪日数也越多；与地表温度则呈负相关关系，特别是在春季，进而对春季径流产生影响。在和田河流域，薛强等（2020）分析研究地形、气象因素对新疆和田河流域山区积雪覆盖的影响，发现积雪覆盖率时空变化受高程影响，在海拔 3500 m 以下区域，年内变化曲线呈现由"U"形向"V"形的过渡，且山区积雪覆盖率主要受气温变化影响。王慧等（2021）针对北疆和天山山区积雪变化与气温、降水关系的研究表明，积雪期、积雪初日和积雪终日受气温的影响大于降水，其中积雪初日和积雪终日出现的早晚与其所处季节的平均气温显著相关。在黄河源区，刘晓娇等（2009）研究表明，积雪日数变化对春季径流的影响大于积雪深度变化对春季径流的影响，从影响因素来看，主要是降水和温度的组合改变引起的。类似地，在西藏佩枯错流域，丁炜和高子恒（2020）验证了该流域积雪面积波动非常大，而且统计分析发现积雪而非降水量是影响该流域湖泊面积的主要因素。在蒙古高原地区，李晨晨等（2020）的研究表明，积雪覆盖率和积雪日数在 2000—2017 年及年内不同月份之间的波动范围均很大，且气温比降水对积雪覆盖率及积雪日数的影响更大。

　　中国积雪主要分布在东北-内蒙古地区、北疆-天山地区和青藏高原地区，这些地区是欧亚大陆重要的积雪分布区。对于北疆-天山地区来讲，冬季积雪的持续时间和范围影响牲畜过冬与来年农业灌溉，同时在春季易出现融雪性洪水并形成春汛。此外，积雪水资源还是宝贵的淡水资源之一，尤其是在春季干旱期间"水贵如油"的西北内陆干旱地区，积雪对其水资源以及对水资源敏感的相关行业产生重大影响；对于东北地区来讲，作为我国重要的商品粮基地，冬季适量降雪有利于保持地温，保护越冬农作物免受冻害发生，来年积雪融水也可以缓解春旱；对于青藏高原地区来讲，该地区的积雪影响东亚大气环流和天气系统，进而影响我国气候，该地区是黄河、长江、澜沧江等大河发源地，其积雪融水是以上众多河流水源的重要补给。因此，开展我国三大积雪区积雪变化对流域春季径流的影响研究，具有重要的水文、气候和生态环境意义。

1.2 国内外研究现状

1.2.1 积雪分布及监测

积雪时空分布极不均匀。首先，地理环境的三相地带性，造成地理环境异质性很强，从而导致全球各地降雪量的丰富程度差异很大。其次，影响积雪的因子有很多，如地形地貌、局地气候条件等，导致全球积雪分布极不均匀。从区域来看，北半球积雪主要分布在欧亚大陆、极地地区、美国阿拉斯加地区及加拿大北部，其中欧亚大陆占主体，包括俄罗斯远东地区北部的大部分区域、中西伯利亚高原、西西伯利亚平原、科拉半岛以及俄罗斯平原的东北部，中国的积雪主要分布在东北-内蒙古地区、北疆-天山地区及青藏高原地区。

积雪监测发展非常迅速，方法也日渐成熟。国际上有关积雪监测的最早记录起始于19世纪的欧洲、加拿大、美国和俄国，最初主要利用测雪尺测量积雪深度，观测站点密度也很低，后来随着时间的推移，观测站点密度渐渐扩大，观测参数指标也不仅仅局限于积雪深度，而向多元化发展，包括积雪密度、积雪类型、积雪硬度、雪水当量等，以上观测为研究积雪的变化提供了极其宝贵的数据基础。我国大范围的积雪观测研究，起始于 20 世纪 50 年代的气象观测系统，到 70 年代末期已经逐渐形成了包含近 2400 个气象观测站的地面气象观测系统，主要观测雪深、雪压等指标。但是，积雪的空间异质性很强，且主要分布在极地地区，俄罗斯远东地区，阿拉斯加，我国新疆和西藏等高寒无人区，导致传统的少量地面气象观测站点空间分布不均匀、密度低，有时还会遭受人为或动物破坏导致观测时间不连续，进而造成数据的缺失，从而不能提供大尺度的积雪特征信息。遥感技术的发展很好地弥补了这一缺陷，可以提供大范围、长时间尺度的积雪监测数据。最早的积雪遥感监测可以追溯到 20 世纪 60 年代，当时美国国家海洋和大气管理局开始利用可见光卫星遥感手段监测北半球的积雪，并且精确度达到了世界公认的水平。随后，加拿大东部地区利用 TIROS-1 气象卫星进行积雪监测。我国的积雪遥感监测，起始于 20 世纪 70 年代，后来发展十分迅速。根据遥感监测的手段，可以将遥感监测分为光学遥感和微波遥感两大类。光学遥感产品由于容易受到天气的影响，特别是云层的遮挡，导致估算结果有误差，特别是在高原地区，如 Landsat、SPOT、AVHRR、MODIS、TM、ASTER 等积雪产品，但是在进行影像去云处理后，可以有效地降低误差，目前该方法被广泛用于积雪反射率、积雪范围等的监测。而微波遥感产品可以穿透云层及雪层，通过主动微波遥感与被动微波遥感技术反演获得雪水当量及积雪深度的数据，常见的传感器包括 MWRI AMSE-R、SSM/I 和 SMMR。由此可见，不同的遥感技术适用于不同的积雪参数的获取，两者结合起来可以更有效地得到更多的积雪信息。

1.2.2 积雪变化研究现状

（1）北半球积雪变化

1）积雪范围

北半球积雪范围总体呈萎缩趋势，但不同区域、不同月份之间存在差异，并存在明显的极地放大效应。如早在 1987 年，Barry 和 Armstrong 就已经发展了一套微波遥感数据管理系统并分析了北半球的积雪变化，发现 1960—1980 年北半球的积雪变化呈现波动振荡的特点，积雪的显著减少出现在 20 世纪 80 年代初期。Gutzler 和 Rosen（1992）研究了 1972—1990 年北半球冬季不同月份的积雪变化特征，发现在研究时段内，北美和欧亚大陆积雪在 12 月到翌年的 1 月最少，而且在 2 月欧亚大陆积雪有明显的减少趋势。翟盘茂和周琴芳（1997）基于美国国家海洋和大气管理局（NOAA）提供的遥感资料，系统研究了北美洲、欧亚大陆及整个北半球 3 个地区 1973—1995 年的积雪变化，结果表明，积雪范围呈先扩展后萎缩的变化趋势，其中 1973—1978 年呈明显扩展趋势，但是到了 20 世纪 80 年代以后，积雪范围呈逐渐萎缩趋势，特别是 1986 年以后持续低于正常值。杨修群和张琳娜（2001）基于 NOAA 提供的资料，研究了 1988—1998 年北半球年际积雪范围变化，发现北美中西部、蒙古高原、欧洲的阿尔卑斯山脉和我国青藏高原是整个北半球年际积雪范围变化的主要区域，其中变化最强烈的地区位于青藏高原，而且该地区积雪范围变化与欧亚大陆其他地方表现为两种不同的关联类型。类似地，Déry 等（2007）研究发现，1972—2006 年北半球的北美和欧亚大陆地区春季积雪范围显著减少，而且存在明显的极地放大现象，对纬度和海拔也存在显著的依赖性；其冬季积雪范围略有减少趋势，而秋季则呈现增多趋势。Brown 和 Robinson（2011）研究了更长时间尺度（1922—2010 年）的北半球积雪范围变化，同样发现在过去的

90 年间，整个北半球的春季积雪范围显著减少，特别是在 1970 年以后直至 2010 年的 40 年间，这种变化趋势更加明显，表现为每 10 年积雪范围减少8×10^5 km^2，且 3 月和 4 月减少的速率不同，3 月减少的比例占整个北半球积雪范围的 7%，主要集中在欧亚大陆，北美大陆不显著；而 4 月则高达 11%，且欧亚大陆和北美大陆的积雪范围都达到了显著减少水平。

从区域角度来看，积雪范围变化趋势同样具有十分明显的差异性。比如，在亚洲中部干旱区，陈文倩等（2018）将不同的遥感数据进行融合并进行了影像去云处理以提高积雪信息的精准度，结果发现该研究区年内积雪范围变化幅度非常大，介于 1.6% 和 77.4% 之间，且总体来讲，积雪范围呈缓慢上升趋势并具有很明显的垂直地带性，表现为海拔越高变化幅度越小，积雪也越稳定，特别是海拔 6000 m 以上区域，几乎没有季节与年际变化；但是在积雪消融期，积雪范围都呈减少趋势并表现出很强的纬度地带性差异。在欧亚大陆，Zhang 和 Ma（2018）研究发现 1972—2006 年，春、夏两季积雪范围显著缩小，而秋、冬两季的变化很小。类似地，Bavay 等（2013）利用基于 35 个自动气象站的站点数据，用模型模拟气候变暖对瑞士格劳宾登州高山地区积雪范围及雪水当量的影响，结果表明：到 21 世纪末，积雪范围将大幅缩小，雪水当量将减少 1/3~2/3，而且对于山区积雪范围变化的研究，雪线高度变化是一个很有效、很直观的指标。比如，Hu 等（2019）利用 Landsat 数据分析了 1984—2017 年积雪消融季南欧山区雪线高度的变化，发现不论是阿尔卑斯山、喀尔巴阡山还是比利牛斯山，雪线都呈后退趋势，暗示了南欧地区在过去的 30 多年间积雪范围在缩小。在北美洲，Seidel 等（2016）研究发现美国洛基山脉地区积雪在 5 月和 6 月呈下降趋势，而在内华达山脉地区 2 月到 5 月的积雪变化主要是由降雪驱动的。也有学者发现欧亚大陆冬、春季积雪变化及雪水当量呈现东、西部相反的变化特征，体现了积雪变化的经度地带性。

值得注意的是，即使是完全相同的研究区域，采取不同的遥感手段得出的研究结果也会存在显著差异。如 Armstrong 和 Brodzik（2001）用两种遥感数据产品对整个北半球 19 世纪 80 年代到 20 世纪的积雪范围进行了对比研究，发现整体变化趋势相同，均得到积雪范围每年以 0.2% 的速度缩小，但是当秋季及早冬季节积雪比较浅时，利用被动微波遥感手段测到的积雪范围要比利用可见波段遥感手段测到的积雪范围小。类似地，Hori 等（2017）比较了 1978—2015 年 NOAA 与日本宇宙航空研究开发机构（JAXA）发布的两种积雪产品在测算北半球积雪范围变化趋势方面的差异，发现两种积雪产品得到的变化趋势恰恰相反，并且 NOAA 的产品在春、夏两季高估了积雪覆盖程度的下降趋势。由此可见，虽然现在的遥感技术十分发达，但是还需进一步改正算法，提高遥感产品传感器的精确度，将误差降到最低水平。

2）积雪日期

全球变暖背景下，积雪初日推迟，积雪终日提前，积雪期缩短，但是不同区域之间表现出明显的差异性，特别是欧亚大陆西部积雪持续时间减少较为明显。Peng 等（2013）基于北半球 636 个野外气象站点 1980—2006 年数据系统研究了北半球积雪持续时间及积雪终日的变化，发现北美大陆与欧亚大陆在积雪持续时间方面存在显著不同：北美地区在研究时段内的 27 年间积雪终日保持稳定的状态，而在欧亚大陆地区每 10 年积雪终日会提前 2.6 d，这与空气温度上升存在着很大的关系。张廷军和钟歆玥（2014）基于 1152 个气象台站的观测数据，研究了整个欧亚大陆 1966—2012 年累计积雪天数和连续积雪天数的变化情况，发现累计积雪天数和连续积雪天数的大值区主要分布于欧亚大陆的高纬度区域，包括俄罗斯远东北部大部分区域、西西伯利亚平原、中西伯利亚高原、科拉半岛及俄罗斯平原的东北部，其余地方累计积雪天数和连续积雪天数较少，表明积雪分布的纬度地带性很强。Dietza 等（2013）基于改进的影像去云算法处理 MODIS 积雪数据，研究了中亚地区 2000—2011 年的积雪期与积雪日数变化，发现积雪初日和积雪终日均没有发生显著的改变，而积雪持续时间从北往南呈现梯度式变化，具体表现为：在 54°N 地区，积雪持续时间高达 140 d，而到了 40°N 地区，积雪持续时间降低到了 0 d，而且在中亚山区，海拔每升高 100 m，积雪持续时间将会增加 4 d。此外，基于 JASMES 积雪产品（由 JAXA 发布），发现积雪持续时间缩短的主要原因是积雪初日的推迟，而且年度积雪持续时间的空间格局在各大洲之间表现出明显的不对称性，如北美洲地区并没有显著减少，而欧亚大陆西部是积雪持续时间减少最多的区域。在亚洲中部干旱区，陈文倩等（2018）将不同的遥感数据进行融合并进行了去云处理以提高积雪信息的精准度，结果发现该研究区内部不同地区的积雪日数变化趋势不同，呈下降趋势的地区占 32.2%，而呈增加趋势的地区占 30.9%，其余 36.9% 区域不变，比较稳定。总体来讲，中亚地区积雪日数呈现缓慢减少趋势。

但是，也有学者根据区域尺度得到了相反的结论。比如，Zhang 和 Ma（2018）以欧亚大陆为例，研究了该地区 1972—2006 年 30 余年的积雪变化，发现虽然积雪持续时间缩短这一结论与 Hori 等学者的研究结果相同，但是引发的原因却是春季积雪终日的提前而非上一年积雪初日的推迟；而且积雪持续时间显著下降区域主要是在青藏高原西部、中亚部分区域及俄罗斯西北部，其他地方变化较小。在意大利阿尔卑斯山地区，Valt 和 Cianfarra（2010）同样发现 1960—2009 年积雪持续时间呈减少趋势，特别是在春季，其中 20 世纪 90 年代降幅最大。而进入 21 世纪以来有恢复的趋势，这种变化周期可能与太阳活动周期有关。类似地，Bavay 等（2013）模型预测显示：瑞士格劳宾登州高山地区积雪期到 2095 年将缩短 5 周至 9 周。

3）积雪深度

积雪深度变化具有显著的纬度地带性特征，总体来讲，北极地区和欧亚大陆多年平均积雪深度呈增加趋势。张廷军和钟歆玥（2014）研究发现，不稳定积雪占中国积雪的主体，且中国、蒙古两国的稳定积雪区域萎缩十分严重，特别是在青藏高原地区，并没有十分稳定的积雪区。类似地，Zhong 等（2018）基于 1814 个地面站数据研究了 1966—2012 年欧亚大陆积雪深度变化趋势，发现叶尼塞河流域、俄罗斯欧洲部分的东北部、萨哈林岛和堪察加半岛的年平均雪深大于 20 cm。而且在研究时段内，年平均积雪深度和年最大积雪深度增加幅度分别为 0.2 cm/10 a 和 0.6 cm/10 a；从季节来看，秋季积雪深度呈下降趋势，而冬、春季节积雪深度则呈上升趋势；从区域来看，积雪深度显著增加的区域位于 50°N 以北。从区域角度来看，Ye 等（1998）利用 1936—1983 年 119 个气象站点的数据研究了俄罗斯地区的冬季积雪深度变化趋势，发现存在明显的区域差异性，具体表现为在俄罗斯北部的大部分地区积雪深度呈增加的趋势，特别是在乌拉尔山脉北部及西伯利亚中北部，而在南部的大部分地区则呈相反的趋势，特别是在乌拉尔山脉南部；此外，由于复杂的地形影响，北部也有少部分地区积雪深度略微下降，而在西伯利亚西南部，积雪深度有所增加。总体来看，在研究时段内，俄罗斯地区积雪深度增加的幅度大于减小的幅度。Bulygina 等（2009）基于更多的站点（820 个）数据研究了北欧亚大陆地区 1966—2007 年积雪深度的变化趋势，同样发现在俄罗斯西部地区冬季积雪深度呈增加的趋势，尤其是在西西伯利亚北部，这种趋势更加明显；而在西伯利亚南部山区，积雪深度下降最为明显。在北美洲，研究人员发现 1 月的积雪深度基本稳定不变，但是在三四月有明显下降，特别是在加拿大中部。类似地，Brown 和 Braaten（1998）发现 1946—1995 年加拿大大部分地区冬季和早春时节积雪深度显著下降，特别是在 2 月和 3 月。

（2）中国积雪变化

中国的积雪主要分布在东北-内蒙古地区、北疆-天山地区和青藏高原地区，但不同区域之间差异性十分显著。对以上主要积雪区的积雪动态研究主要始于 20 世纪 80 年代，之后发展十分迅速，其中有针对整个三大积雪区进行研究的，也有只针对其中一个区域的。从积雪范围变化角度来看，青藏高原与其他两个区域存在差异。如刘俊峰等（2012）基于中分辨率成像光谱仪（MODIS）数据分析了中国三大积雪区 2001—2010 年积雪范围季节变化及年际变化特征，并分析了三大积雪区的空间稳定性，发现青藏高原积雪范围年内季节变化与其他两个区域存在差异，表现在最小与最大积雪范围出现的月份及积雪范围变化的差异性均不同。从空间稳定性角度来看，青藏高原的稳定性最差，东北-内蒙古居中，北疆-天山最好，体现了区域差异性。从积雪日数角度来看，三大积雪区大多数区域积雪日数显著减少。如钟镇涛等（2018）利用 PBL 模型研究了三大积雪区 1992—2010 年的时空变化，发现除青藏高原西北部积雪日数由于降水增多而显著增加以外，由于全球平均气温升高导致三大积雪区其他区域积雪日数显著减少。但是，从积雪季节变化及积雪日数角度来看，青藏高原与其他两个区域差异显著。王嫣娇等（2017）则针对整个中国的积雪变化进行了研究，发现我国积雪范围在过去几十年间呈现缓慢扩大趋势，并且受地形、气温和降雪量的综合影响。孔锋（2019）基于 545 个气象观测站的观测数据研究了中国 1961—2016 年积雪时空变化特征，发现积雪深度与积雪日数呈小幅度增加趋势，并且呈现南低北高的特征，且南部低纬度地区波动幅度较大，体现了纬度地带性特征。

1）东北-内蒙古地区

东北-内蒙古地区积雪变化特征比较复杂，受地理位置、下垫面、气温和降水的综合影响。东北-内蒙古地区年均积雪深度总体呈下降趋势，并表现出明显的时空差异性。如张淑杰等（2016）学者对整个东北地区1981—2010年积雪深度变化的研究表明，自东向西积雪深度呈减小的趋势，吉林省东部与黑龙江省北部和东部积雪深度较大，而辽宁省南部和西部、吉林省西部与黑龙江省西南部积雪深度较浅。从年际变化来看，积雪深度1979—2014年以0.084 cm/10 a速率下降，特别是在春季，速度更快，暗示积雪消融期提前。但是，由于区域差异性，东北地区积雪深度变化并不一致，如积雪深度减小的区域分布在大部分高原与山地地区，也有积雪深度增大的区域，如少部分高原区与平原区。类似地，基于1979—2014年逐日被动微波亮温数据所制作的积雪深度数据，鲁博权和刘世博（2017）发现，黑龙江省多年冻土区积雪深度有轻微下降的趋势，多年冻土区与总体变化趋势一致，但是季节冻土区积雪深度反而呈增加的趋势；空间方面表现为山地高于平原，高纬度地区高于低纬度地区，且气候变暖对季节冻土区的影响更大。但是在内蒙古锡林河流域，郝祥云等（2017）学者结合气象站点与遥感数据发现在2000—2015年，该流域积雪深度冬季最大且年内变化为单峰型，而在年际尺度上，积雪深度与积雪范围均呈增加的趋势，特别是冬季积雪范围增加的幅度达到了显著水平。通过该区域气象因子与积雪的相关性表明，在积雪期，气温、风速和日照时数是影响积雪深度和积雪面积的主要因素；而在融雪期，气温与降水是影响积雪深度和积雪面积的主要因素。

东北-内蒙古地区积雪日数呈增加趋势，且同样存在很明显的空间差异性。如张晓闻等（2018）研究发现，东北地区1979—2016年积雪日数以0.6 d/10 a的速度增加，年均积雪日数平均值为93 d，而且全年积雪日数的变化取决于春季积雪日数的变化。受纬度、地形和海陆热力差异的影响，东北地区积雪日数由北到南逐渐减少，最高值出现在北部大兴安岭地区。从年尺度上来看，气候要素与积雪日数的相关性大小依次为：气温>温度>降水>风速>日照。气温是影响东北地区年均积雪日数的主要因素。也有学者针对东北某一个地区进行研究，如傅帅等（2017）基于气象站观测数据研究了 1960—2015 年吉林省积雪日数的变化，发现积雪日数的空间差异十分明显，表现为东南山区积雪期远远长于西北平原区。从时间变化趋势来看，积雪初日、积雪终日总体变化趋势不明显，但阶段性特征显著。其中，20 世纪 80 年代之前，积雪初日偏早，终日偏晚；20 世纪 90 年代后，积雪初日偏晚，积雪终日偏早，积雪期缩短，积雪初日、积雪终日在 1983 年和 1991 年前后发生显著性突变。孙士超等（2018）利用 Terra 和 Aqva 卫星提供的 MODIS 8 d 积雪分类产品研究了 2002—2012 年东北辽河流域与嫩江流域积雪变化特征，发现两大流域积雪高峰期出现的时间基本一致，但是积雪覆盖率与积雪日数却表现为辽河流域远远低于嫩江流域，这与两大流域所处的地理位置和海陆分布的影响有关。类似地，徐士琦等（2018）利用吉林省 45 个气象站逐日积雪观测资料研究了吉林省 1961—2016 年积雪日数与积雪量的变化情况，同样发现以上两个指标具有很强的空间差异性，表现为东部长白山地区远远高于中西部平原区，且年际波动呈现先增加后减少、再迅速增加的变化趋势，具体表现为 20 世纪 60—80 年代末期积雪日数和积雪量以增加趋势为主；20 世纪 90 年代积雪日数和积雪量有所减少，2000 年以后积雪迅速增多，暗示了积雪变化的复杂性。内蒙古地区积雪日数在 21 世纪以前同样呈逐年增加的趋势，这与东北地区一致，但是进入 21 世纪以后有缩减的趋势。

此外，东北-内蒙古地区积雪时空分布极不均匀。如内蒙古地区积雪空间分布呈"东边多，西边少"的态势，且空间差异逐年扩大，其中阿尔山地区和图里河地区积雪最多。在锡林郭勒地区，积雪空间分布差异性同样十分显著，表现为西边少于东边、北边少于南边。

2）北疆-天山地区

在三大积雪区中，北疆-天山地区的积雪最为稳定，但是时空分布极不均匀。新疆积雪范围存在明显的时空差异。如王慧等（2021）利用气象站逐日积雪深度观测数据分析了1961—2017年北疆-天山地区积雪期的积雪变化特征，发现新疆降雪丰富的区域包括塔城、阿勒泰地区、天山地区和伊犁河谷的大部分地区，天山北坡降雪区域明显多于天山南坡，空间分布极不均匀。陈爱京等（2019）研究了2004—2018年阿勒泰地区冬季积雪变化，发现1月该地区积雪范围最大，而且在研究时段内积雪深度大于20 cm的范围显著缩小，主要原因在于气温的升高。在天山南部的阿克苏河流域，陈敏等（2016）利用2001—2014年MODIS积雪产品，发现该流域山区积雪范围在年、季、月尺度上都呈下降趋势，且在夏季达到了显著水平，温度升高可能为主因。唐志光等（2017b）研究了2002—2015年天山地区积雪分布特征，发现该地区积雪范围最大的月份为1月，最小的月份为7—8月，而且年内不同季节积雪覆盖率最高的区位不同、不同季节年际积雪范围的变化趋势也不同。张文博等（2012）研究的时间尺度（2002—2009年）比唐志光等学者短，但是对于积雪范围变化趋势的结论基本一致。侯小刚等（2017）研究得出的天山地区最大积雪范围出现的月份与唐志光等学者的观点一致，均为1月，而且该研究得出积雪范围在研究时段内呈下降的趋势。窦燕等（2010）学者研究的时间尺度更短，仅为2000—2006年，但是该研究得出的积雪范围年际变化趋势结论与侯小刚等学者的恰恰相反，呈上升趋势而非下降趋势，由此可见研究时间尺度对结果的重要性。同时，该研究强调了海拔对冬季积雪范围的影响：以海拔4000 m为分界线，4000 m以下范围呈上升趋势，且在2000 m处上升趋势最为显著；4000 m以上呈下降趋势，且冬季雪线高度为1500 m，夏季高于4000 m，平均高度为2875 m。

北疆-天山地区积雪初日、积雪终日和积雪期也存在明显的区域差异,表现在积雪初日推迟,积雪期缩短,终日变化趋势不显著。如王慧等(2020)学者研究发现,北疆-天山地区大多数地区积雪期减少、积雪初日推迟,且两者区域基本吻合。在玛纳斯河流域,陈晓娜和包安明(2011)同样发现1960—2006年积雪期缩短及积雪初日推迟,尤其是在1994年以后。但是,贺英(2018)学者研究发现阿勒泰地区1961—2015年积雪消融期也开始明显提前。张文博等(2012)发现在天山南部地区积雪期低于40 d。而侯小刚等(2017)研究表明,2002—2016年,占天山区域44.57%的天山南部地区及北坡的边缘区域为积雪日数最少的区域,积雪期低于60 d而非张文博等研究认定的40 d,这可能与不同研究所采取的方法及研究时间尺度不同有关。肉克亚木·艾克木等(2020)则研究了2001—2017年伊犁河谷流域积雪变化,将该流域划分为5个海拔区间,发现垂直分布在海拔2200~3200 m内的积雪所受影响最大。相关分析表明地表温度对5月和9月的积雪影响最大。此外,积雪日数呈增加趋势的海拔介于1200 m和1800 m,其余海拔带呈相反的变化趋势。在天山地区,积雪日数增多的区域所占比例高于积雪日数减少的区域。

此外,北疆-天山地区积雪深度空间分布不均匀,且呈波动式变化。如对阿勒泰地区的研究表明:1961—2015年,该地区的最大积雪深度呈现先下降后上升的趋势,拐点出现在1985年(贺英,2018)。从空间分布来看,阿勒泰地区的积雪深度总体上表现为南部小于北部,而且由于风的作用导致同一地区积雪深度也不同。

3)青藏高原地区

青藏高原,位于中国西南部,又称"世界屋脊"或"世界第三极",是一个相对独立的地貌单元,包括地理位置、气候。其东西长达2945 km(经度跨越31°),南北长达1532 km(纬度跨越13°),面积达

$250 \times 10^{4} \sim 260 \times 10^{4}$ km^2，跨越青海、西藏、四川西部、云南西北部、甘肃西南及新疆南部 6 个省（区），约占中国陆地面积的 1/4。平均海拔超过 4000 m，是世界上低纬度区域海拔最高、面积最大的高原。其高海拔及复杂的地貌形态创造了一个独特的气候单元，对区域及全球气候均具有十分重要的影响。青藏高原积雪分布空间异质性非常强，并且多呈斑状。作为三大积雪区中积雪最不稳定的区域，青藏高原是北半球中低纬度积雪范围最大的区域，这与该地区的特殊地理位置及海拔高度有关。同时，青藏高原地区积雪对气候变化极为敏感。总体来讲，高原积雪分布非常不均匀，呈中间少、外围四周多的特征。

从积雪范围角度来看，在过去几十年，区域积雪范围呈先增加后缩小趋势。如众多学者研究表明：从 20 世纪 60 年代以来，青藏高原地区积雪范围呈现逐渐增加的趋势，但是进入 21 世纪以后有缩小趋势。类似地，杨志刚等（2017）对 2000—2014 年青藏高原积雪范围变化进行了研究，发现在研究时段内平均积雪范围虽然没有呈现显著缩小趋势，但是却存在很明显的季节差异，表现为秋季积雪范围增大而其余季节缩小，特别是在夏季。而且该研究还表明，积雪覆盖率不论是年内还是年际均存在很明显的空间差异性。

青藏高原积雪深度年际变化方面总体呈上升趋势，但是不同季节变化趋势不同，表现为夏季减少，冬季增加，而且区域差异性很强。如张薇等（2019）研究了青藏高原 1961—2013 年积雪深度的变化，发现积雪深度呈现波动式变化，即先增加（20 世纪 60—70 年代）后减少（80—90 年代）、再增加（90 年代以后）的趋势。类似地，乔德京等（2018）发现高原地区积雪深度在 1980—2009 年呈先降低后增加趋势，拐点出现在 20 世纪 80 年代末至 90 年代初。然而，车涛等（2019）研究的结论是在 1980—2018 年，高原地区积雪深度与积雪日数均呈下降趋势，特别是进入 21 世纪以后。王婷等（2019）基于 1979—2016 年数据得到的青藏高原积雪日数与积雪深度变化的结论与车涛等学者一致，主要呈减少趋势。此外，除多等（2018）得到的关于高原积雪深度变化的结论与乔德京等学者也不太一致，该研究发现青藏高原平均最大积雪深度在 1981—2010 年呈显著下降趋势，平均每 10 年下降 0.55 cm，尤其是积雪深度最深的春季降幅最为显著。以上两位学者研究的区域一致，时间段也很接近，之所以会出现不同的结论，与所采取的研究手段有很大关系：前者使用的是地理信息系统（GIS）技术，而高原地区云层较厚，可能会造成较大误差；后者用的是传统的地面观测数据，更能真实地记录高原地区的积雪深度变化，由此可见研究手段的重要性。姜琪等（2020）关于青藏高原积雪深度的研究结果与除多等学者一致，发现青藏高原积雪深度在 1961—2014 年呈现下降趋势。

关于以上不同研究手段对研究结果的影响，有学者专门进行了对比，如李文杰等（2018）对比了青藏高原台站观测资料、可见光遥感及被动微波遥感 3 种资料的异同性，发现两种遥感产品得到的积雪高值区覆盖率比较接近，而台站观测资料得到的积雪范围相对较小，原因可能在于地面观测站点分布的密度较小。但是三者也有共同特性，比如，得到的积雪低值区分布范围比较一致，原因在于低值区不需要很高密度的站点去覆盖，而且云层也相对薄，遥感误差较小。从季节角度来看，不同研究手段获取的积雪分布数据在秋、冬两季比较接近，但是在夏季，差异十分显著，任何两种资料间的相关性几乎为零，甚至为负相关。此外，该研究同时选取了青藏高原 4 个典型台站过去 36 年间的数据进行验证，发现遥感资料得到的结论是积雪覆盖率呈增加的趋势，但是通过台站资料记录的实际情况与得到的结论恰恰相反，台站资料显示积雪覆盖率呈降低的趋势，而且与气温的相关性是最强的。由此可见，传统观测站点由于各种原因在青藏高原分布密度不高，但是得到的结论却是最可靠的。

此外，青藏高原地区积雪期、积雪初日、积雪终日变化的空间差异性也很强，积雪期较长的区域主要位于高原东部地区。如从积雪初日与积雪终日角度来看，不同时期、不同地区变化规律不同。有的高海拔山区积雪初日提前，积雪终日推迟；有的地区积雪初日和积雪终日都提前；还有的地区积雪初日推迟，积雪终日提前。汪箫悦等（2016）发现高原地区积雪分布存在明显的空间差异，特别是年平均积雪日数。年平均积雪日数超过 200 d 的地区包括念青唐古拉山地区、喀喇昆仑山脉、喜马拉雅山脉和帕米尔高原地区，其余地区低于 200 d。积雪初日、积雪终日同样呈现出不同区域规律不同的格局，与温度、降水密切相关，这与乔德京等学者得到的结论相吻合。唐志光等（2017b）则是在研究方法上进行了改进，将 2001—2011 年 MODIS 积雪日数产品进行去云处理以减小误差，并与地面观测站点数据进行对比，发现二者一致性可达 87.03%，且发现积雪日数空间分布差异很大，表现为高原腹地低、四周山区高，同时年际积雪日数总体呈下降趋势。胡豪然等（2013）针对高原东部地区的冬季积雪日数进行了研究，发现东部地区 1961—2010 年冬季积雪日数变化趋势与整个高原地区基本一致，也存在很明显的空间差异，而且年际变化呈现由少到多再减少的趋势，其中发生于 20 世纪末的两次突变的主要原因在于降雪及气温的改变。张薇等（2019）学者进行的 1961—2013 年青藏高原冬、春季高原整体、高原东部、高原西部积雪趋势分析表明，高原东（西）部积雪在 20 世纪 60—70 年代均明显增加，20 世纪 80—90 年代均减少；20 世纪 90 年代以来，高原东部春季和冬季积雪减少更为显著，而西部地区除了春季积雪日数变化不大，冬、春季积雪日数明显增加。

关于青藏高原腹地或边缘某些区域的积雪变化特征，相关学者也进行了大量研究。如在珠穆朗玛峰地区（简称"珠峰地区"），除多等（2011）根据三次 Landsat 遥感数据，并应用 GIS 空间分析方法，具体分析了 1975—2000 年珠峰地区定日县常年积雪变化特征，并探讨其与气候变化之间的关系。结果表明，1975—2000 年定日县内常年积雪总计减少了 7.49%，减少面积为 105.35 km²，主要发生在珠峰及其周围高大山体常年积雪覆盖的边缘地区。其中，海拔 5000~6000 m 区域积雪减少最多，占减少总面积的 70% 左右。气温和降水量变化是导致常年积雪变化的主要因素，特别是在全球变暖的大背景下，珠峰地区的气温上升趋势是其主要驱动因子。气温升高导致珠峰及周围高大山脉边缘的冰川和常年积雪不断消融，加上 20 世纪 80 年代的降水量相对较少，使 1975—1992 年常年积雪面积不断缩小；但 20 世纪 90 年代后期降水量增加显著，研究区东南部海拔相对较低的区域有较多的积雪累积，1993—2000 年常年积雪面积略有增加。此外，该学者利用 2000—2014 年 MOD10A2 积雪产品和数字高程模型 DEM 数据，以积雪覆盖率为指标，在分析西藏高原积雪空间分布特点的基础上，定量研究了高程、坡度和坡向等地形要素对高原积雪时空分布的影响。结果发现，西藏高原积雪的空间分布差异显著，且具有中东部念青唐古拉山和周边高山积雪丰富，覆盖率高，而南部河谷和羌塘高原中西部积雪少，覆盖率低的特点。同时，发现海拔越高积雪覆盖率越高，积雪持续时间越长，年内变化越稳定。海拔 2 km 以下积雪覆盖率不足 4%，海拔 6 km 以上积雪覆盖率达 75%。海拔 4 km 以下年内积雪覆盖率呈单峰型分布特点，海拔越高，单峰型越明显；而海拔 4 km 以上则为双峰型，海拔越高，双峰型越明显。海拔 6 km 以下积雪覆盖率最低值出现在夏季，而海拔 6 km 以上积雪覆盖率最低值在冬季。总体上，高原地形坡度越大，积雪覆盖率越高。不同坡向中，北坡积雪覆盖率最高，南坡最低，年内分布呈双峰型，而无坡向的平地积雪覆盖率要小于有坡向的山地，其年内变化呈单峰型分布特点。

杜军等（2019）利用羌塘自然保护区 1971—2017 年 5 个气象站逐

日积雪、气温、降水、风速等资料，采用趋势分析、Mann-Kendall 检验等方法，分析了气候变暖背景下该自然保护区积雪日数和雪深的时空变化特征，以及与气候要素的关系。结果表明：自然保护区各站积雪日数为 18.4~67.0 d，总体上呈自西向东递增的分布态势；随海拔升高，积雪日数增多、积雪初日提前、积雪终日推迟、积雪持续日数延长。1971—2017 年保护区年积雪日数明显减少，平均每 10 年减少 3.8 d，主要在秋季和春季；年最大积雪深度平均每 10 年减小 0.53 cm；积雪初日以每 10 年 11.3 d 的速率显著推迟，积雪终日每 10 年提前 11.0 d，而积雪持续日数每 10 年减少 23.3 d，特别是在 1991—2017 年这种变化态势更突出。Mamm-Kendall 检测显示，除冬季外，该自然保护区季节积雪日数由多变少的突变时间均发生在 21 世纪前 10 年，2001 年是积雪初日、积雪终日和积雪持续日数的突变点。气温显著升高、空气相对湿度明显减小是积雪日数减少的主要原因，积雪初日推迟、积雪终日提前不仅与气温显著升高有关，还与风速变小密不可分。在西藏地区，扎西欧珠等（2018）运用差分雪盖指数法（NDSI），通过 FY-3B 卫星数据对积雪面积进行了研究。结果显示：西藏地区 1 月至 4 月的积雪面积比较大，主要分布在西藏的阿里地区、昌都地区和山南地区；从 5 月到 8 月，阿里地区几乎没有积雪分布；9 月到翌年 12 月，积雪呈现先增多后减少、再增多的变化趋势。该研究表明，FY-3B 卫星提取的积雪数据结果与常用的 MODIS/TERRA 卫星提取的数据结果完全一致，再次证明了国产卫星提取积雪信息的可行性。类似地，周晓莉等（2016）为了解西藏积雪的时间变化规律和空间分布特征，采用统计分析和 EOF 分解方法，对西藏 34 个站点 1979—2013 年的日积雪深度和积雪日数资料进行系统分析，得出主要结论：①西藏地区积雪深度在 2 月最大，7 月最小；积雪日数在 1 月最大，7 月和 8 月最小。②西藏地区年及春季、夏季、秋季、冬季累积积雪深度和累计积雪日数都呈减小的趋势。

③西藏地区年累积积雪深度和累计积雪日数主要有 3 个大值中心：喜马拉雅山脉中段地区；喜马拉雅山脉东段地区；那曲地区中、东部。此外，在西藏地区，白淑英等（2014）利用 1979—2010 年逐日雪深被动微波遥感数据以及同期气象资料，对西藏雪深时空变化特征及其与气候因子的响应关系进行了分析。结果表明：32 年来，西藏雪深呈显著增加趋势，气候倾向率为 0.26 cm/10 a；1999 年以后，雪深则表现为下降趋势，气候倾向率为 -0.35 cm/10 a。四季平均雪深中，春季雪深的变化对年平均雪深值贡献最大，二者相关系数高达 0.88。高原雪深值异常偏大年份主要集中在 20 世纪 90 年代，但并未发生气候突变。周期分析表明，西藏雪深存在准 6~7 年振荡的显著周期。西藏雪深呈四周山地雪深值大、中部腹地雪深值小的空间格局，且受海拔影响有明显的陡坎效应，绝大部分地区雪深变化趋势倾向率为 -0.08~0.08 cm/a，百分比达到 74.6%；逐像元回归分析表明，雪深呈增加趋势的像元数占全区像元总数的 76.9%，有减少趋势的仅占 23.1%。西藏雪深与气温、降水、风速和日照时数存在明显的统计和空间相关性，整体表现为雪深与气温、风速、日照时数呈负相关，而与降水呈正相关。多元回归分析表明，春、秋季雪深模拟值与实测值的相关系数均达 0.6 以上，通过了 0.01 的显著性检验；夏、冬季雪深回归模型的相关系数只有 0.4~0.5，但未通过 0.05 显著性检验。

在长江源和黄河源地区，杨建平等（2006）应用长江、黄河源区及其周边地区 16 个气象站逐日积雪资料，分析了长江、黄河源区积雪的空间分布和年际变化特征。结果表明：以巴颜喀拉山主峰为中心的黄河源和长江源东南部地区是年积雪深度高值中心，黄河源以西和五道梁以东的长江源东北部及黄河源西北部广大地区是年积雪深度低值中心。冬、春季累积积雪深度占年累积积雪深度的比例大于 71.0%，夏半年（6—9 月）对其的贡献小，但夏半年的积雪日数占年积雪日数的 1/3。

曲麻莱达日一线以南地区积雪主要发生在 1 月，以北地区一年有两个高值期：3—5 月与 10—11 月。长江源和黄河源地区积雪建立早，积雪季节长，结束晚，消退过程缓慢；而黄河源东部地区，积雪建立稍晚，积雪发展比较缓慢，消退过程迅速。近 40 年来，长江、黄河源区积雪呈确定的增长态势，冬、春季积雪在长江源区增长了 62.11%，在黄河源区增长了 60.18%。但二者积雪变化位相基本相反，长江源区变化幅度大起大落，而黄河源区比较平缓，多雪年份也不一致。两大源区 20 世纪 60 年代至 70 年代初是积雪偏少期，70 年代中期至 90 年代是积雪偏多期。从 20 世纪 70 年代中期至 80 年代末，积雪明显增加，90 年代积雪增加速度有所放慢，近 40 年来，长江源区和黄河源区平均冬、春季累积积雪深度增加了 60.95%。长江源区对整个长江、黄河源区的积雪变化起主导作用，整个源区平均冬、春季累积积雪深度变化主要体现了长江源的特征。

周扬等（2017）利用青藏高原腹地沱沱河地区野外观测试验场 2013—2014 年冬半年积雪深度和气温数据，对发生在 11 月的积雪动态融雪过程及其与气温的关系进行了分析。结果表明：高原中部地区融雪过程表现为先缓后急的总体特征，融雪在雪深较小的后期迅速加快。雪深变化与气温存在紧密联系，融雪过程发生前 3 h 以内的气温都显著影响雪深变化，雪深变化与超前 30 min 及同步气温的相关性最为显著，线性相关系数分别达到 -0.3600 和 -0.3589，通过了 0.01 显著性水平检验。考虑温度的滞后效应，沱沱河地区雪深下降在温度大于 -13℃ 时就可发生，-4~2℃ 是主要消融温度区间，明显低于中国其他山区积雪消融的临界温度。融雪过程主要发生在 12：00—18：00，且存在 12：00—13：30 与 16：30—18：00 两个快速下降时段，值得注意的是，热量状况最好的 14：00—16：00 时段，积雪深度下降并不显著。融雪期日照时数与积雪深度的相关系数为 -0.845，融雪前期，气温对积雪深度的影响大于日照时数对积雪深度的影响；融雪后期，日照时数对积雪深度的影响大于气温对积雪深度的影响，均通过 0.01 显著性水平检验。融雪过程与热量条件及日照时数间的复杂关系表明，青藏高原腹地积雪的消融与日照时数、雪的形态、消融程度、升华过程等均有一定联系。类似地，这些学者采取同样的方法，利用青藏高原腹地玛多地区野外观测试验场 2013—2015 年冬半年每 30 min 同步积雪深度和气温数据，对发生在 2013 年 12 月和 2014 年 11 月的积雪动态融雪过程及其与气温的关系进行了对比分析。结果表明：2013—2014 年冬季融雪过程表现为先缓后急的总体特征，每日融雪过程主要发生在 13：00—18：00，而 2014—2015 年冬季融雪整体表现为均匀变化的过程，每日融雪过程主要发生在 7：00—16：00。雪深变化与气温存在紧密联系，玛多地区两次冬季融雪过程的日最高气温都低于 0℃，融雪发生前 3 h 之内的气温都将显著影响到积雪雪深变化，融雪幅度主要取决于超前 30 min 和当时的温度条件，积雪深度与气温间的线性关系存在密切联系。两次融雪过程的发生与大于 0℃ 变温过程关系密切，升温的变化过程可能更有利于促进积雪消融。

在三江源腹地即青海玉树地区，张娟等（2018）利用该地区隆宝自然保护区野外雪深自动观测站 2013—2014 年冬季每 30 min 积雪深度与同步气温数据，对发生在 2014 年 2 月的较大降雪过程的动态融雪过程及其同步气温进行了研究分析。结果表明，玉树隆宝地区融雪过程总体表现出"先慢后快"的变化特征：积雪在 10 cm 以上时，融雪过程相对缓慢；在 10 cm 以下时，积雪加速消融，积雪越薄，融雪越快。在融雪期内，雪深快速下降分别发生在 10：00、11：00 与 14：00—15：30。气温与雪深变化关系紧密，09：00 以前，雪深的下降与气温的关系不明显；09：00 以后，气温开始对雪深的变化产生比较明显的影响。这种相关性在 10：00 后显著增强，热量条件对积雪消融的影响自 10：30 一直持续到 18：00；相对而言，13：00—14：00 时的气温对日积雪消融的贡献最大。超前滞后关系分析表明，融雪期之前 240 min 之内的气温都将显著影响积雪深度的变化；玉树隆宝地区在-12℃时仍有积雪深度下降的现象发生，正变温对积雪消融更有利。类似地，毛树娜等（2019）利用 2008—2018 年玉树地区曲麻莱县积雪初始日期、积雪日数及积雪深度等观测资料，对曲麻莱县近 11 年的积温变化特征进行分析。结果表明：曲麻莱县 11 年间，积雪初始日期大都集中于 9 月中旬至 10 月中旬，该时间段占 81.8%，最早为 8 月 22 日（2014 年），最晚为 1 月 19 日（2013 年）；积雪终止日期主要集中出现在 6 月，该时间段占 72.7%，最早为 3 月 31 日（2012 年），最晚为 6 月 14 日（2013 年）。近 11 年积雪日数总共为 702 d，年平均积雪日数为 63.9 d，积雪日数总体上呈显著减少的趋势，积雪日数气候倾向率为-24.727 d/10 a，也就是平均每年大约减少 2.5 d。

在青海其他地区，王海娥等（2016）应用 1961—2013 年逐日积雪深度及气象要素资料，采用 REOF、多元线性回归等方法，分析了青海高原积雪日数时空分布特征，探讨了各季节积雪日数与气温和降水的关系。结果表明：①青海高原积雪日数呈先增加再减少的变化趋势，1961 年至 20 世纪 90 年代末呈增加趋势，其中 1982 年达到峰值为 44 d，2000—2012 年呈减少趋势。②青海高原积雪时空分布不均，地域差异大，分为六个积雪气候区，主要特点为高原南部积雪日数最多且呈显著增加趋势；东部农业区、西部柴达木盆地积雪少且呈下降趋势。③冬、春季积雪日数有增加趋势，冬季较显著；秋季积雪日数有减少趋势。④各季节平均气温均呈上升趋势，是影响秋、春季积雪的关键因子；冬、春季降水量呈上升趋势，是影响冬季积雪的关键因子。研究结果表明，青海高原冬、春季有暖湿化趋势。类似地，许显花等（2016）选取青海东南部黄南地区的 2 个气象观测站近 56 年（1960—2015 年）的逐月积雪资料，利用数理统计和线性回归方法分析积雪的变化趋势，对黄南南部年积雪日数及最大雪深变化特征进行了研究。结果表明：①黄南南部积雪日数呈增加趋势，增加速率为 0.152 d/a；②最大雪深春、冬季呈弱增加趋势，秋季呈弱减少趋势，总体呈弱减少趋势；③黄南地区的积雪日数与最大雪深呈显著相关关系，一般雪深越大，积雪日数就越长；④年积雪日数和各季积雪日数均发生了由少到多的突变，春季发生于 1965 年，秋季发生于 1973 年，冬季发生于 1974 年，年突变发生于 1970 年；⑤由小波分析可知，近 56 年来，除黄南南部地区积雪日数6 年的振荡周期比较明显外，在 20 世纪 60—70 年代末还存在准 3 年振荡周期，其他周期信号强度都较弱。

在青藏高原中东部地区，沈鎏澄等（2019）基于逐日积雪深度（雪深）、逐月气温和逐月降水量地面观测资料，利用数理统计方法分析了青藏高原中东部地区 1961—2014 年雪深时空变化特征及其成因。结果表明：青藏高原雪深空间分布不均，存在喜马拉雅山脉南坡（高原西南部）、念青唐古拉山-唐古拉山-巴颜喀拉山-阿尼玛卿山（高原中部）和祁连山脉（高原东北部）三处雪深高值区，冬季最大，其次是春、秋季，夏季仅在纬度或海拔较高处才有雪深记录；从长期来看，雪深以减少为主，尤其是夏、秋季。在青藏高原普遍"增温增湿"背景下，雪深表现为先增后减的变化特征；雪深随海拔升高而增加，但最大雪深并非出现在最高海拔处；在不同季节雪深的气象要素成因上，冬季由降水主导，其余季节由气温主导。1961—1998 年冬、春季雪深增加与降水增多有关，而 1998—2014 年气温的上升以及降水的减少共同导致了雪深的减少，夏、秋季雪深持续减少与同期气温持续升高有关。同样在该地区，保云涛等（2018）利用国家气象信息中心提供的日积雪深度的台站观测资料以及 JRA55 提供的大气环流再分析资料，分析了 1961—2013 年前冬（11 月至翌年 1 月）和后冬（2—4 月）青藏高原中东部地区积雪深度的时空变化特征，探究了影响高原中东部整体积雪深度异常和年际变化的环流形态及水汽条件。结果表明，高原积雪深度以显著的年际变化为主，在空间分布上具有明显的不均匀性，海拔越高，积雪深度的年际变率越大。不论是前冬还是后冬，高原中东部积雪深度最主要的变化形势均为全区一致型。1961—2013 年前冬和后冬，积雪深度无明显的长期变化趋势，前冬的积雪深度在 1996 年以前显著增加，1996 年以后转为减少趋势。从高原积雪深度年际变化的成因来看，前冬雪深很可能同时受北极涛动和高原附近位势高度年际变化的主导，后冬雪深受高原附近位势高度变化的主导，并受北极涛动年际变化的调节。当高原积雪偏多时，阿拉伯海到青藏高原以东地区的位势高度偏低，导致南支槽活跃，高原南侧西风急流加强，槽前携带的水汽增加，副热带高压偏北偏强同时其外围携带的水汽增加；贝加尔湖脊加强有利于引导冷空气南下，冷空气和暖湿空气在高原东部交汇使得高原中东部降雪和积雪深度增加。

在雅鲁藏布江流域，班春广等（2019）选取青藏高原雅鲁藏布江年楚河上游流域为研究区，基于流域两个气象站（江孜站和帕里站）1973—2015 年逐日气温、降水数据，以及江孜水文站月流量数据，采用 Mann-Kendall 检验、线性趋势法等多种趋势分析方法，分析了气温、降水、径流的年际和年内变化特征，并探讨了影响径流变化的主要因素。结果表明：①年楚河上游流域气温呈显著上升趋势，增加速率为 $0.02℃ \cdot a^{-1}$，降水呈不显著下降趋势，减少速率为 0.39 mm $\cdot a^{-1}$；②流域径流量年内分配极不均匀，主要集中在 5—10 月，年均径流量整体呈减少趋势，但 1973—2000 年表现为增加趋势，2000 年之后呈减少趋势；③流域内冰川和积雪面积在 2006 年后呈明显缩小趋势，但降水变化仍是流域径流量变化的主要驱动因素。全球变暖导致年楚河上游流域气温升高，降水减少，径流出现先增加后减少的趋势，这将进一步加剧流域水资源短缺，影响流域水资源开发利用、合理配置和区域可持续发展。同样在该地区，刘金平等（2018）利用 2000—2014 年 MODIS 逐日无云积雪产品对雅鲁藏布江流域积雪特征的空间分布及变化、积雪随高程变化的规律进行了分析，并采用被动微波数据 SMMR（1979—1987年）和 SSM/I（1988—2008 年）以及中国地面降水和气温 0.5°×0.5°日值格点数据集，研究了雅鲁藏布江流域关键积雪参数对气候要素的响应等。结果表明：流域下游积雪日较多且变化剧烈；流域整体上呈积雪显著减少的趋势；积雪日随高程的上升而增加；流域内降水呈不显著的增加趋势，而气温呈显著的增加趋势，最高气温对积雪变化影响最大；气温对积雪终日的影响明显高于积雪初日；在积雪消融期降水的增多促进了积雪的消融。在四川阿坝州地区，张鑫钰等（2019）基于 MOD10A2 积雪产品，结合 GIS 技术和统计学方法，研究了 2000—2015 年阿坝州积雪时空特征。结果表明：空间上，年积雪覆盖区主要分布在阿坝县、红原县和若尔盖县；时间上，全域积雪面积存在明显月份、季节差异，年积雪覆盖面积总体呈下降趋势，夏季为年最低值时期；年积雪大部分为短期积雪，且主要出现在海拔高度 3000~4000 m 的地区。

在青藏高原东北缘的祁连山地区，梁鹏斌等（2019）基于 2001—2017 年 MOD10A2 积雪产品和气象数据，分析了祁连山积雪面积动态变化特征及其与气温降水的关系。结果显示：①2001—2017 年祁连山积雪面积年际波动较大，呈减小趋势，多年平均积雪面积约为 $5\times10^4\ km^2$，占祁连山总面积的 25.9%；年内变化成"M"形曲线，即在一个积雪年中有两个波峰和一个波谷，波峰出现在 11 月和翌年 1 月，波谷出现在 7月；季节变化波动较大，夏、冬季积雪面积缩小趋势大于春季，秋季呈略微增加趋势。②祁连山区积雪面积主要分布在海拔 3000~4000 m 及4000~5000 m 区域，积雪覆盖率随着海拔上升呈逐渐增大的趋势；祁连山区不同坡向积雪覆盖面积差异较大，积雪覆盖率差异较小；积雪频率高值区呈典型的条带状分布,与祁连山地形相一致,呈西北—东南分布,且西部分布大于东部。③初步分析认为,祁连山积雪面积变化对气温要素更敏感。吴建国等(2016)为了深入认识积雪变化对高寒草甸生态系统功能的影响,在青海祁连山中段山地建立了观测样地,以称雪器和 Snow Fork 分析仪进行了积雪观测,分析了山地高寒草甸中积雪的特征。结果显示:2009—2010 年,山地高寒草甸不同月份积雪日数差异较大。2009 年 5 月积雪日数较多,3—4 月和 9—10 月其次,2 月和 6月较少;2010 年积雪日数总体较少,集中在 1—6 月。2009 年 2—4 月积雪深度浅、日差异较小,5—10 月积雪深度日差异较大;2010 年 1—3 月积雪深度相对浅,4—5 月积雪深度深、日差异较大。2009—2010年,积雪密度日差异较小。积雪密度与深度呈极显著正相关($p<0.001$),积雪深度与叶湿度极显著相关($p<0.001$)、与太阳辐射强度显著相关($p<0.05$),与其他气象要素相关性不显著,积雪密度与各气象要素相关性均不显著。结果表明:青海北部山地高寒草甸积雪变化年际、月际的差异较大,与气象因素的关系复杂。赵军等(2015)利用 MOD10A2 积雪产品、气温、降水数据和 DEM 数据,借助于 GIS 空间分析技术和统计方法,分析了 2000—2012 年祁连山中段地区的雪线变化,并探讨了温度和降水对雪线变化的影响。研究结果表明:①2000—2012年祁连山中段雪线平均高程值呈波动上升,平均上升速率为42.3 m/(10 a);各年的雪线平均高程大于 4600 m,多年雪线平均高程值为 4673 m。②祁连山中段地区各坡向的雪线平均高程值、年平均上升速率均呈现相一致的特征,即阳坡>半阴半阳坡>阴坡。③2000—2012 年暖季气温和 6—8 月累计降水量是影响祁连山雪线变化的重要因素,暖季气温升高是引起雪线升高的主导因素。在 6—8 月累计降水量保持稳定的情况下,暖季气温上升(或下降)1℃,祁连山中段雪线高度上升(或下降)约 58 m。韩兰英等(2011)利用 EOS/MODIS、

NOAA 资料以及相关气象资料，应用线性光谱混合模型提取像元内积雪
所占比例，分析祁连山积雪面积时间、空间分布及其气候响应。分析发
现：在时间上，1997—2006 年整个祁连山区域冰川积雪总面积呈多波
形变化，有线性增加趋势。在空间上，祁连山东段和中段积雪面积呈缩
小趋势。利用石羊河的气象站温度、降水、蒸发等资料分析其气候条件
和积雪面积变化，发现祁连山东段积雪面积变化与当地的气候条件变化
趋势相一致，说明祁连山东段积雪面积的变化主要受气候条件的影响。
蔡迪花等（2009）利用 2000—2003 年日资料经 8 d 合成的 500 m 分辨
率 MODIS 卫星反演积雪资料和数字高程模型，借助于 GIS 空间分析技
术，以积雪频率和积雪盖度为监测指标，研究分析了祁连山区整体的积
雪空间分布状况及其年内变化特征，以及地形对积雪的分布和季节变化
的影响。结果表明：祁连山区的积雪分布极不均匀，积雪主要沿山系走
向呈条带状分布，呈现西段多、东段次之、中部和南部少，山脊多、山
谷少的特征，且海拔越高、山势越陡，阴坡积雪的范围越大、持续时间
越久。就全区而言，降雪时间为 9 月至翌年 5 月，但不同高度、坡度和
坡向带有所差别。海拔 4000 m 以上区域有春、秋季两个时段的积雪补
给，而海拔 4000 m 以下仅有中秋至中冬一个时段的积雪补给；坡度较
平缓的区域以冬季和春季为主要积雪补给期，而坡度较陡的区域则以秋
季和春季为主要积雪补给期；平地和南坡积雪补给主要发生在冬季和春
季，而其他坡向为春季和秋季。张杰等（2005）利用 1997—2004 年
5—8 月的 NOAA-AVHRR 和 EOS-MODIS 卫星资料、周边气象台站气象
数据、人工增雨雪等相关资料，对河西内陆河流域上游的祁连山区积
雪、冰川的光谱特征进行了判识，并分析了积雪面积和雪线高度变化。
结果表明：6—8 月祁连山西部、中部和东部的积雪面积都呈缩小趋势，
5 月积雪面积有所扩大；雪线高度处的气温在 5 月为降低趋势，6 月和
8 月略有升高，7 月升高最快；5—8 月随时间的变化，祁连山区累计降

水量都呈现不同程度的增加；祁连山西部和中部积雪面积和雪线高度随降水与气温的变化有明显的响应，并且中部较西部明显。人工增雪作业对祁连山雪消融具有缓冲作用。

国内其他区域积雪变化研究较少，仅见夏静雯等（2019）通过对1953 年以来华东地区鄞州国家基本气象站的积雪变化特征及其对农业的影响因素进行了分析。结果表明：鄞州的积雪主要集中在冬、春两季，年积雪日数总体呈减少的趋势；平均积雪深度为 2.95 cm，最大积雪深度出现在 1986 年。此外，该研究发现温度对积雪的影响最为显著，当近地面温度低、对流层顶温度高，且大气干燥、不稳定能量高时，需谨防出现对农业生产有影响的积雪天气。胡姗姗等（2017）利用 1952—2016 年安徽滁州地区 7 个国家基本站积雪、冰冻地面观测资料，采用累积距平、相关分析、Mann-Kendall 检验、小波分析等统计方法，分析了滁州地区积雪冰冻时空分布特征和长期变化特征。结果表明：1952—2016 年滁州地区冰冻、积雪日数和积雪深度均呈波动下降的趋势，其中冰冻日数下降趋势较为显著，并在 20 世纪 80 年代末开始突变减少；积雪日数在 20 世纪 90 年代末期以前以增多趋势为主，之后呈减少趋势；冰冻日数呈纬向分布，在中、东部呈舌状分布；积雪日数呈西北多、东南少分布，东部天长一带积雪日数最少。当日最低气温在 -1℃左右、日最高气温在 3~4℃、日平均风速在 2 m·s^{-1} 以下、日平均相对湿度在 75%左右时，最有利于冰冻的发生；当日平均气温和日平均地表温度在 1℃左右、日平均相对湿度 80%左右、日降水量 6 mm 以下时，有利于滁州地区积雪的产生。在华山地区，李亚丽等（2020）利用华山气象站 1953—2016 年气象观测资料和 1989—2016 年 Landsat TM 卫星遥感影像数据，分析了华山积雪变化的基本特征及其与气温、降水和大气环流的关系。结果表明：1953—2016 年华山平均积雪日数 78.5 d，积雪主要出现在每年 10 月至翌年 5 月，64 年来积雪初日推迟，积雪终

日提前，初雪至终雪间日数减少，年度、冬半年、冬季积雪日数分别以
8.3 d/10 a、7.6 d/10 a、4.7 d/10 a 的减少率显著减少。1981—2016 年
华山年度最大积雪深度减少趋势不显著，年度累积积雪深度以
88.2 cm/10 a的减少率显著减少，一年中积雪日数、最大积雪深度和累
积积雪深度的减少（小）趋势均以 3 月最为显著。1989—2016 年华山
区域积雪面积、浅雪和深雪面积减少趋势不明显。1953—2016 年华山
年度、冬半年、冬季平均气温升高，降水量减少。积雪日数与平均气温
存在显著的负相关，与降水量存在显著的正相关，气温是影响华山积雪
日数的最主要因素。年度、冬半年和冬季积雪日数突变年份与相应时段
的平均气温突变年份相近。1953—2016 年华山冬半年、冬季平均气温
和降水量均与大气环流指数相关显著，华山冬半年和冬季积雪日数与同
期西藏高原指数、印缅槽强度指数、南极涛动指数和西太平洋副高西伸
脊点指数为明显负相关，与 850 hPa 东太平洋信风指数、亚洲区极涡面
积指数为明显正相关。在太白山地区，雷向杰等（2016）利用太白气象
站 1962—2014 年地面积雪观测资料，太白、眉县气象站 1980—2014 年
高山积雪观测记录和 1988—2010 年卫星遥感资料，分析了秦岭主峰太
白山西部中山区、西部中高山区和中部中高山区积雪初日、积雪终日、
积雪日数和积雪深度等的变化特征，以及西部中山区积雪变化的成因。
结果表明：1962—2014 年太白山西部中山区积雪初日推迟，积雪终日
提前，初雪至终雪间日数减少，积雪日数显著减少，积雪深度呈现波动
变浅的趋势；1980—2014 年西部中高山区积雪日数同样呈现波动减少
趋势，西部中山区和中高山区年积雪日数减少幅度分别为 3.2 d/10 a 和
8.9 d/10 a。1980—2014 年中部中高山区积雪初日、积雪终日日期和积
雪日数变化趋势不明显。卫星遥感监测资料分析结果显示，太白山地区
积雪面积呈现波动减少趋势。1962—2014 年西部中山区气温升高，降
水减少，积雪参数与气候要素相关分析结果表明，气温和累积积雪深度

等参数变化关系密切，气温升高是太白山积雪减少的主要原因。1980—
2014 年太白山地区 7 月积雪日数很少，关中八景之一的"太白积雪六
月（公历 7 月）天"已很少见到。

1.2.3 积雪变化对流域径流的影响

积雪在全球水循环中占据着十分重要的地位，尤其是对于北半球中
纬度及中低纬度山地而言。比如，中国积雪融水占全国地表年径流的
13%左右；在美国西部，积雪融水占总径流的比例为 75%；而在极地地
区，积雪融水占春季和初夏时节水资源的比例高达 95%。可见，积雪水
文研究在水资源利用和管理中具有重要作用。然而，过去几十年来，在
全球气候变暖背景下，由于降水量及气温的变化，积雪的时空分布已经
发生了明显改变，从而使流域融雪水文过程也发生了显著变化，比如，
融雪径流提前、积雪期缩短等。同时，降雪向降雨转化可能导致流域径
流系数减小，进而导致蒸发增加，径流整体减少，最终引起水文水资源
过程改变。

积雪融水对发源于中、高纬度或高海拔地区的大多数河流影响显
著，如阿尔卑斯山、环北极地区、青藏高原地区。一方面，以融雪融水
为主要补给来源的流域径流量受到了显著影响。在中国西北地区，积雪
消融对河流径流量的影响变化范围在 20% ~ 50%。比如，施雅风等
（2003）研究表明，在新疆地区 26 条主要河流中，有 18 条的平均年径
流量显著增加。特别是在春季，在天山北部山脉典型内陆河流域，积雪
融水对河流径流量的贡献为 27.3%，而在位于天山山脉南部的典型内陆
河流域，超过 44% 的河流径流量来源于积雪融水。在乌鲁木齐河、开
都河及阿克苏河流域，过去半个世纪径流量增加的主要原因归结于冰雪
融水径流量的增加，其中，阿克苏河流域增幅高达 0.4×10^8 m³/a。但
是，20 世纪 90 年代中期之后，径流量都呈下降趋势，这与流域内冰冻

圈萎缩存在直接的关系。类似地,在天山地区,Sorg 等(2012)发现由于冰川及积雪消融的改变,一些河流的夏季最大径流量已经发生了显著改变,如果降水和冰冻圈消融不能给流域补充水源的话,夏季径流将会进一步减小。在祁连山葫芦沟流域,Li 等(2014)研究人员基于同位素示踪方法对该流域径流进行了分析,发现在气候变暖背景下,冰雪融水对流域整体径流量的贡献为 11.36%;从支流情况来看,支流 1 的冰雪融水对河流贡献较小,仅仅为 6%,而支流 2 的冰雪融水对河流的贡献高达 42%。在青藏高原不同地区,积雪融水对河流径流的补给量介于 9.8%和 25.4%。比如,在青藏高原东南缘雅砻江上游,高达 24.89%径流量来源于冬季积雪。在德国高海拔地区及瑞士阿尔卑斯山,Marty 和 Meister(2012)的研究表明,区域内雪水当量明显减少,而且冬季积雪积累量的减少会导致随后暖季积雪消融量的减少。比如在瑞士,最大雪水当量的减少降低了 7 月最小径流量,这是高海拔地区积雪融水对河流径流量影响的有力证据。在美国加利福尼亚州的内华达山脉地区,雪水当量峰值降低 10% 会导致年平均最小径流量降低 9%~22%。在欧洲,雨雪混合的降水体系转为以降雨为主的降水体系会导致夏季径流量的显著下降。类似地,在美国,Berghuijs 等(2014)发现以降雪为主的降水比例增加会增加河流的径流量。Li 等(2013)定量评估了 1960—2010 年中国西北干旱区径流量对融雪期气候变化的敏感性,发现温度和降水的改变导致融雪时间改变,平均融雪期开始时间提前了 15.33 d,而结束日期平均推迟了约 9.19 d,且存在区域差异。如在天山南部,融雪期开始时间提前了 20.01 d,而在祁连山北部仅提前了 10.16 d 并最终导致径流量的变化,山区融雪期平均天数、温度和降水的变化分别引发年径流量产生 4.69%、14.15% 和 7.69% 的波动。罗继和路学敏(2011)分析了 2004—2009 年天山南麓阿克苏地区积雪变化对春季径流的影响,发现托什干河春季径流受前冬 11~20 cm 积雪的显著影响。类似地，张俊岚等（2009）同样以阿克苏河流域为例，研究了 1971—2005 年春季径流的变化及其原因，发现春季径流增加的原因主要是春季温度及前冬积雪，与罗继等学者得到的结论一致，且春季径流的主要来源为雪水融化，特别是在 5 月中下旬。

另外，在全球气候变暖背景下，以融雪融水为主要补给来源的流域径流年内分配受到了显著影响。已有研究表明，以融雪融水为主要补给来源的流域径流量和季节特征都发生了改变。如 Bavay 等（2013）研究表明：在瑞士东部高海拔山区，冬季径流量明显增多，春季积雪融化显著提前，而夏季径流量呈减小的趋势。Stewart（2009）发现，1948—2002 年北美很多河流的融雪消融时间提前，融雪径流的集中期也明显提前。在托什干河流域，基于模型模拟研究得到 4 月之前的径流量变化并不大，但是 5 月以后径流量明显增加，这与积雪消融有很大的关系。在黄河源，3 月径流量呈上升趋势，4 月和 5 月径流量则呈下降趋势。类似地，北疆以积雪融水补给的克兰河最大径流量由 6 月提前到 5 月。

目前，国内外积雪与径流量的影响研究主要针对某一流域。如 Yang 等（2003）基于 1966—1999 年遥感数据系统研究了西伯利亚地区流域（鄂毕河、叶尼塞河、勒拿河）径流量与积雪之间的关系，并准确给出了定量关系，比如，在寒冷季节，积雪范围大而径流量小，而在积雪消融季径流量增加，积雪范围缩小。Painter 等（2010）发现，1916—2003 年科罗拉多河流域由于较重的粉尘负荷，积雪的反射率降低，积雪持续时间缩短数周，使流域洪峰径流量的到来时间提前 3 周左右，并且植被和土壤过早地暴露出来增强蒸发，最终导致流域年径流量减少 5% 左右。在印度，Immerzeel 等（2009）利用遥感技术研究了 2000—2005 年喜马拉雅河大面积积雪监测及径流模拟，发现印度河流域的水资源最依赖冰雪融化。吕姣姣等（2016）研究表明，乌鲁木齐河流域径流变化是气温、降水和积雪面积共同作用的结果，各个因素间也是相互影响、相互作用的，气温对径流的影响在降水、积雪面积二者的间接作用下提高到 0.76，降水对径流的影响在气温、积雪面积的共同作用下也达到了 0.74。在开都河流域，向燕芸等（2018）研究了 2000—2016 年积雪、径流量变化及影响因子，发现春季径流量对积雪范围变化响应敏感，春季径流量对积雪面积的敏感系数为 0.59%，即春季积雪变化 1% 将引起径流量变化 0.59%。在大渡河流域，径流和积雪以及气象因子的相关性分析表明，积雪范围与流域径流量呈负相关关系，气温和降水与径流量呈正相关关系。在中国东北地区，河流径流量的 13.3%~24.9% 来源于积雪融水。如郝祥云等（2017）利用锡林河流域水文站 2000—2013 年逐日径流数据、锡林浩特气象站 2000—2015 年逐日平均气温、降雨、雪深数据及 MOD10A2 积雪产品的遥感数据研究了锡林河流域积雪时空特征及其对径流量的影响，发现径流量与积雪深度、积雪范围都存在显著的负相关关系，表明径流量受积雪范围、雪深变化的影响。

综上所述，中国积雪主要分布在北疆-天山地区、东北-内蒙古地区以及青藏高原地区。在这些区域，积雪作为固体水库，在冷季积累、暖季消融，是水资源重要的组成部分。开展我国主要积雪区积雪变化对流域春季径流的影响研究，具有重要的水文、气候和生态环境意义。目前，国内外针对积雪属性变化（如积雪范围、积雪深度、积雪期等）的研究已趋于成熟，而有关积雪变化对径流的影响研究主要集中于某一流域，缺乏大尺度的宏观及区域差异研究。尤其是在中国冰冻圈内，关于积雪变化对春季径流的影响研究尚缺乏系统认识和了解。因此，本书以中国三大积雪区为研究对象，选取 19 个典型流域，对气候变暖背景下积雪变化对流域春季径流的影响进行全面的分析和评估。

1.3 研究内容、技术路线与研究目标

1.3.1 研究内容

本书拟开展的具体研究内容如下。

（1）分析过去 50 年我国三大积雪区积雪变化趋势。基于研究区内雪深观测数据（1960—2016 年），构建积雪初日、积雪终日、积雪期、积雪日数、冷季积雪深度 5 个指标，分析北疆-天山地区、东北-内蒙古地区和青藏高原地区三大积雪区积雪变化趋势。

（2）分析过去 50 年我国三大积雪区流域春季径流的变化。利用构建的春季月平均流量（3 月平均流量、4 月平均流量、5 月平均流量）、流域春季径流（3 月至 5 月平均流量）及流域春季径流比重（春季径流占年径流的比重），利用 Mann-Kendall 检验方法计算并统计各指标的变化趋势及显著性，定量分析三大积雪区流域径流对积雪变化的响应。

（3）通过相关性分析和构建雪深径流指数，建立与分析我国三大积雪区冷季雪深变化与流域径流变化的关系。应用相关性分析建立冷季雪深与春季各月径流、春季径流及春季径流比重之间的关系，进而分析冷季雪深与径流变化之间的联系。构建雪深径流指数，即春季月径流量与冷季雪深比值，用于表征冷季雪深对春季月径流的贡献程度。例如，5 月雪深径流指数是指冷季雪深对春季 5 月径流的贡献程度。

（4）通过相关性分析和构建积雪日数径流指标，建立与分析我国三大积雪区积雪日数与流域径流变化的关系。应用相关性分析建立积雪日数与春季各月径流、春季径流及春季径流比重之间的关系，从而分析积雪日数与径流变化之间的联系。构建积雪日数径流指数，即春季月径流量与积雪日数比值，用于表征积雪日数对春季月径流的贡献程度。例如，5 月积雪日数径流指数是指积雪日数对春季 5 月径流的贡献程度。

（5）分析流域径流对积雪变化响应的时空差异性及原因。主要从气温、降水等角度入手，探讨流域径流对积雪变化响应的时空差异性及原因。

1.3.2　技术路线

以中国三大积雪区为研究对象，对气候变暖背景下积雪变化对 1960—2016 年我国三大积雪区流域径流的影响进行全面的分析和评估。具体技术路线如图 1-1 所示。

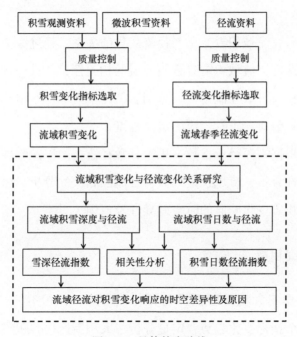

图 1-1　具体技术路线

首先，收集并处理积雪数据与水文数据。

其中，积雪数据既有来源于中国气象局的地面台站逐日积雪深度观测数据，又有来源于中国西部环境与生态科学数据中心的被动微波遥感雪深数据，而水文数据为 19 条河流流域上游出山口水文站的逐月径流观测数据。由于气象站和水文站数据受自然和人为等因素影响，会导致观测记录不完整或出现数据缺失等问题，应视具体情况补充数据或剔除连续性较差的站点，而被动微波遥感雪深数据需要由 Matlab 软件处理成所需的数据格式。

其次，分别选取积雪变化指标和径流变化指标，研究流域积雪变化特征与流域春季径流变化特征。其中，积雪变化的评估指标选取了积雪初日、积雪终日、积雪期、积雪日数及冷季雪深 5 个指标；春季径流变化的评估指标选取了春季月平均流量、流域春季径流流域春季径流比重 3 类指标。

第三，研究流域积雪变化与径流变化的关系。经过综合评定，确定了流域积雪深度、流域积雪日数与径流的相关性，并进一步构建了雪深径流指数与积雪日数径流指数，分别表征冷季雪深对春季月径流的贡献程度、积雪日数对春季月径流的贡献程度。

最后，根据雪深径流指数、积雪日数径流指数以及流域积雪深度与径流的相关性分析、流域积雪日数与径流的相关性分析，综合分析探讨流域径流对积雪变化响应的时空差异性及成因。

1.3.3 研究目标

（1）根据三大积雪区积雪初日、积雪终日、积雪期、积雪日数、冷季雪深 5 个指标变化趋势，定量分析三大积雪区内各积雪参数的变化趋势。

（2）基于流域径流数据计算春季各月径流、春季径流及春季径流比重变化趋势，并定量分析积雪变化背景下三大积雪区流域径流的变化趋势。

（3）探讨三大积雪区冷季雪深变化与流域径流变化的关系。构建雪深径流指数来表征冷季雪深对春季月径流的贡献程度。

（4）探讨三大积雪区积雪日数变化与流域径流变化的关系。构建 tkw 径流指数来表征冷季雪深对春季月径流的贡献程度。

（5）探讨全球变暖背景下，我国三大积雪区积雪变化对径流影响的时空差异性及原因分析。

第 2 章

研究区概况

　　我国积雪分布范围广泛，但稳定季节积雪并不连片。早在 1983 年，李培基和米德生（1983）就分析并划定了中国稳定积雪区面积达 420×10^4 km^2，包括：北疆和天山积雪区、东北和内蒙古积雪区以及青藏高原积雪区（藏北高原和柴达木盆地除外），各区积雪范围分别为 50×10^4 km^2、140×10^4 km^2 以及 230×10^4 km^2。后来，也有一些研究涉及中国积雪区的分布与划分问题，如刘洵等（2014）利用 2009—2010 年 IMS 雪冰产品验证了中国三大稳定积雪区每月、积雪季以及全年的误判率、漏判率和总体准确率，并分析了 IMS 雪冰产品的准确率与雪深之间的关系。结果显示：IMS 雪冰产品的年总体准确率在三大积雪区均超过了 92%，积雪季总体准确率均超过了 88%，说明利用 IMS 雪冰产品监测积雪范围是可靠的。在该研究中，作者将中国的三大积雪区分为东北和内蒙古积雪区（简称东北积雪区）、北疆和天山积雪区（简称北疆积雪区）、青藏高原积雪区，并称我国三大稳定积雪区。类似地，刘俊峰等（2012）在研究中国积雪时空变化特征时，也对中国主要积雪区域进行了界定，分为北疆-天山、东北-内蒙古和青藏高原三大积雪区，并探讨了这三大积雪区积雪季节和年际变化特征。结果表明：三大积雪区中，北疆-天山积雪空间稳定性最好，东北-内蒙古次之，青藏高原较差，其稳定性指数分别为 0.58、0.38 和 0.29。三大积雪区积雪年内分配存在显著的季节特征，2001—2010 年北疆-天山积雪区和东北-内蒙古积雪区积雪面积最大值一般出现在 1 月，偶尔出现在 12 月，7 月和 8 月积雪面积很小；青藏高原积雪区的积雪面积最大值则有可能出现在 11 月至翌年 2 月，其中以 11 月出现频率最高，10 月至翌年 3 月的积雪面积差异相对其他两个积雪区的变化较小。从年际变化上来看，2002 年以来，三大积雪区及全国稳定积雪面积无明显变化。参考前人的研究结果，本书也将中国积雪区域分为北疆-天山、东北-内蒙古以及青藏高原三大积雪区。

　　本书以中国三大积雪区及区内 19 个河流流域为研究对象（表 2-1），从分布区域来看，所选流域分别位于北疆-天山地区（8 个）、东北-内蒙古地区（4 个）和青藏高原地区（7 个）。从分布位置来看，这些流域位于高纬度低海拔区（东北-内蒙古地区）、中高纬山地积雪区（北疆-天山地区）和中低纬高海拔区（青藏高原地区）。所选流域属于高寒地区，受人类活动影响相对较小，是研究积雪与径流关系的理想场地。

表 2-1　研究区主要河流基本信息

积雪区	序号	河流	面积/km²	平均海拔 (ma. s. l.)	水文站	经度/ (°N)	纬度/ (°E)	海拔 (ma. s. l.)	资料年份
东北-内蒙古地区	1	嫩江	17 205	460.8	石灰窑	125.48	50.03	420	1956—2012
	2	额尔古纳河	7711	938.3	满规	122.05	52.05	626	1973—2012
	3	海拉尔河	15 195	893.9	牙克石	120.67	49.33	662	1959—2012
	4	海拉尔河	43 164	853.5	垢后	119.73	49.27	604	1957—2012
青藏高原地区	5	黄河	121 972	4120.7	唐乃亥	100.15	35.5	3350	1956—2014
	6	长江	137 740	4763.2	直门达	97.11	33.02	3560	1957—2014
	7	雅砻江	32 925	4459.5	甘孜	99.6	31.4	3394	1956—2014
	8	党河	14 325	3898.4	党城湾	94.88	39.5	2188	1966—2014
	9	疏勒河	10 961	3956.9	昌马堡	96.85	39.82	2112	1953—2014
	10	黑河	10 009	3672.1	莺落峡	100.18	38.82	1674	1944—2014
	11	石羊河	851	3482.7	杂木寺	102.57	37.70	1495	1952—2014

续表

积雪区	序号	河流	面积/km²	平均海拔(ma.s.l.)	水文站	经度/(°N)	纬度/(°E)	海拔(ma.s.l.)	资料年份
	12	托什干河	19 166	3338.8	沙里桂兰克	78.60	40.95	1909	1957—2011
	13	昆马力克河	12 816	3378.8	协合拉	79.62	41.57	1427	1960—2011
	14	卡木斯浪河	1834	3224.4	卡木鲁克	81.57	41.85	1480	1957—2011
北疆-	15	卡拉苏河	1350	2849.0	卡拉苏	82.13	42.00	1541	1959—2011
天山	16	黑孜河	3342	2480.6	黑孜	82.60	41.92	1320	1959—2011
地区	17	库车河	3118	2565.5	兰干	83.07	41.90	1280	1957—2011
	18	乌鲁木齐河	924	3103.1	英雄桥	87.20	43.37	1920	1958—2012
	19	呼图壁河	1840	3003.4	石门	86.59	43.79	1317	1977—2011

2.1 北疆-天山地区

新疆位于我国西北部，地域广阔，地形复杂，且与多个邻国交界。天山是新疆一条重要的自然地理分界线，它把新疆分为南、北两大部分，天山以南为南疆。新疆冬季降雪较多，境内除天山外，南疆和北疆的地势平坦，积雪分布均匀，雪层较厚，境内森林覆盖率较低。自1961年以来，新疆积雪期、积雪初日、积雪终日区域差异十分明显，积雪期主要以天山为界，天山北部积雪期明显多于天山南部。但是，天山山区以及北疆地区的积雪期减少趋势比较明显。大部分地区积雪初日也呈推迟趋势，但积雪终日变化趋势不明显。

天山山系是亚洲中部最大的山系，主体呈东西走向，全长约2500 km，其中，中国境内的天山位于整个天山山系的东部，全长约1700 km。天山地区现有冰川7934条，面积7179.77 km²，冰储量756.48 km³，冰川集中在海拔3800~4800 m区域。2001—2015年，天山山区的雪线整体呈明显的上升趋势，其平均海拔在3680 m左右，天山北坡、伊犁河谷、天山南坡雪线的稳定性依次减弱，平均海拔分别为

3620 m、3390 m 和 3820 m；其空间分布特征为南高北低，东高西低，向东部凸出，呈纬度地带性分布。

新疆天山地区共发育河流 373 条，其中天山北坡 251 条、南坡 122 条。本书主要关注发源于天山南坡的塔里木河流域（包括托什干河、昆马力克河、卡木斯浪河、卡拉苏河、黑孜河、库车河）以及发源于天山北坡的呼图壁河和乌鲁木齐河。

塔里木河流域位于新疆南部的塔里木盆地，是环塔里木盆地的九大水系 144 条河流的总称，也是中国第一大内陆河流域，流域总面积102×10^4 km²（国内部分为 99.6×10^4 km²）。流域主要由高山区冰雪融水和降水补给。由于塔里木河流域位于西北内陆干旱区，远离海洋，高山环抱，气候干旱少雨，蒸发强烈，昼夜温差大，属于大陆性极端干旱沙漠气候，多年平均径流量约 410×10^8 m³。目前，塔里木河流域主要补给源为阿克苏河、和田河和叶尔羌河。其中，阿克苏河是塔里木河水量最大的源流，多年平均补给量约为 73.2%，和田河、叶尔羌河分别约占 23.2%、3.6%。阿克苏河发源于天山南坡，由昆马力克河与托什干河汇合而成，常年有水流入塔里木河。其中，托什干河流域是天山山区典型的冰雪覆盖流域，由沙里桂兰克水文站控制的流域集水面积约为 1.9166×10^4 km²。和田河由玉龙喀什河与喀拉喀什河汇合而成，发源于昆仑山北麓，补给类型为冰川融雪及降水混合补给。叶尔羌河发源于喀喇昆仑山北坡，在阿拉尔境内与阿克苏河、和田河汇合后流入塔里木河。渭干河是塔里木河的支流，发源于天山南坡，上游干流为木扎提河，出山口后向东流，先后汇合天山南坡的卡木斯浪河、特尔维其克河、卡拉苏河、黑孜河等支流。渭干河主要由山区季节性融水补给，浅山区由降雨补给。库车河发源于天山南坡，补给类型主要为季节性积雪融水和降雨。

呼图壁河发源于喀拉乌成山，由南至北流动，是天山北麓中段第二大河流。其中，由石门水文站控制的流域集水面积约为 1840 km^2，高程范围为 1239~4881 m。石门站以上河道纵比降约 23.16%，年径流量为 4.71×10^8 m^3，占全流域年径流量的 93.16%。呼图壁河流域属于典型的大陆性气候，气候干燥，冬冷夏热，日温差大，光照充足，雨量稀少，蒸发量大，既有中温带大陆性干旱气候特征，又有垂直气候特征。流域补给类型为冰雪融水及降雨等混合补给，上游山区河网发育较好，呈树枝状分布，两岸有一级支流 20 条。

乌鲁木齐河流域位于天山天格尔山北坡中段，英雄桥水文站控制流域面积为 924 km^2，海拔范围为 1919~4233 m。源区径流由积雪和冰川融水形成，3600 m 以上被冰川和积雪覆盖，平均雪线高度约 3780 m。山区流域植被、土壤垂直地带性分布明显。积雪消融对乌鲁木齐河径流补给量是比较大的，且超过冰川补给的数倍。

2.2 东北-内蒙古地区

东北-内蒙古地区位于欧亚大陆东岸，行政区划范围包括内蒙古自治区的兴安盟、呼伦贝尔市、赤峰市以及东北的辽宁、吉林、黑龙江三省。该区地理位置大致在 38°40′—53°30′N、111°30′—135°02′E，地形地貌差异明显，整体表现为三面山脉环绕，中间区域为平原。其中，大兴安岭山区、小兴安岭山区、长白山依次坐落在该区的西部、北部和东南部，中部地区平原有三江平原、松嫩平原、辽河平原。本区气候类型为温带大陆性季风气候（由东向西渐强），夏季温热多雨，冬季寒冷干燥。

中国三大稳定积雪区之一的东北-内蒙古积雪区，面积约为 140×10^4 km^2。稳定积雪区范围大致在长白山以东、大兴安岭及小兴安岭以北的地带。东北-内蒙古积雪区水资源丰富，从年内变化来看，该区河流径流显现出双峰特点，径流主要靠冰雪融水和降雨补给，冰雪融水补给比例为 10%~15%，雨水补给比例为 50%~70%。本书主要关注发源于大兴安岭的嫩江、额尔古纳河、海拉尔河。自 1979 年以来，东北地区年均积雪日数均值为 93 d，有增加的趋势。而积雪深度则呈相反的趋势，减小的速率为-0.084 cm/10 a，特别是春季，减小速率更明显，为-0.19 cm/10 a。

嫩江流域发源于大兴安岭东北端的伊勒呼里山，全长为 1370 km，流域面积达 29.7×10⁴ km²。上游位于大兴安岭和小兴安岭山区，上游江道长 661 km，森林密布，河谷狭窄，右岸有洮儿河、诺敏河等支流。嫩江流域属于寒温带半温润大陆性季风气候，多年平均温度约为 2.1℃，多年平均降水量为 454.9 mm。上游流域径流以地表径流为主，在春季来源于融雪，在汛期来源于大气降水，在枯水季节来源于地下水补给。

额尔古纳河流经中国，上源海拉尔河，发源于大兴安岭西侧的吉鲁契那山麓。额尔古纳河水系在中国境内除海拉尔及其以南的诸河流湖泊以外，主要支流自南而北有根河、得尔布尔河、哈乌尔河、莫尔道嘎河、激流河、乌玛河等。额尔古纳河流域属中温带半干旱大陆性季风气候，冬季寒冷漫长，夏季温凉短促，霜冻来得早，冰冻时间一般从 10 月底、11 月初至翌年的 4 月底、5 月初。

海拉尔河流域位于内蒙古自治区呼伦贝尔市西南部，额尔古纳河右岸，全流域面积 5.48×10⁴ km²，河流全长约 1430 km，流域海拔 536~1406 m。主要有库杜尔河、免渡河、伊敏河等支流，流域年平均气温约为 5℃，年平均降雨量约为 350 mm。流域内积雪较厚，封冻期约 200 d。

2.3　青藏高原地区

青藏高原位于中国西南部，地理范围为 26°00′—39°46′N、73°18′—104°46′E。周围分布有众多高山，其东、西分别为横断山脉和帕米尔高原，南自喜马拉雅山，北至昆仑山、阿尔金山及祁连山。青藏高原是北半球中低纬度海拔最高、积雪覆盖面积最大的地区，既是气候变化的敏感区，又对水资源系统产生重要影响。青藏高原是全球平均海拔最高的高原，是诸多如黄河、长江、澜沧江等大江、大河的发源地，被称为"亚洲水塔"。其中，积雪融水是江河源区河流的重要补给来源。青藏高原地区积雪分布非常不均匀，呈"四周多，中间少"的特征。自1981年以来，该地区最大积雪深度下降趋势十分明显，高达−0.55 cm/10 a。积雪期变化时空分布也不均匀，如该地区的高海拔山区积雪初日呈提前趋势，积雪终日则呈推迟趋势，其他部分区域则呈相反趋势。

本书主要关注发源于青藏高原腹地的三江源区（长江、黄河、澜沧江）以及祁连山北坡的内陆河水系（党河、疏勒河、黑河、石羊河）。

三江源区位于地球"第三极"青藏高原腹地，以山原和高山峡谷地貌为主，主要山脉有昆仑山主脉及其支脉可可西里山、巴颜喀拉山、唐古拉山等，地势高耸，平均海拔4500 m以上；中西部和北部为河谷山地，多宽阔而平坦的滩地，因冻土广泛发育、排水不畅，形成了大面积以冻胀丘为基底的高寒草甸和沼泽湿地；东南部唐古拉山北麓则以高山峡谷为多，河流切割强烈，地势陡峭，山体相对高差多在500 m以上。三江源国家公园地质成土过程年轻，冻融侵蚀作用强烈，土壤质地粗，以高山草甸土为主，从东南向西北分布着由高山灌丛、高寒草甸、高寒草原、高寒荒漠组成的高寒生态系统，雪峰、冰川、山岩、土壤、河流、湖泊、植被、野生动物等，都保持着纯自然发育的过程。青藏高原最大的"多年冻土区"在三江源，从海拔4354 m的昆仑山北坡西大滩，向南延伸至西藏自治区北部海拔4780 m的安多县，长达600 km以上。

三江源区位于青藏高原气候区北端的尾闾区，气候由亚热带向温凉、半干旱至严寒干旱过渡。主要特征为冷热两季、雨热同期、冬长夏短；温度年较差小、日较差大；日照时间长、辐射强烈；植物生长期短，无绝对无霜期。多年平均气温在 −5.6 ~ 7.8℃，冷季长达 7 个月。多年平均降水量（自西北向东南）262.2 ~ 772.8 mm。年日照时数 2300 ~ 2900 h，年太阳辐射量 5658 ~ 6469 MJ /m²，全年大于等于 8 级大风的日数 3.9 ~ 110 d，空气含氧量仅相当于海平面区域的 60% ~ 70%。主要气象灾害为雪灾。此外，三江源国家公园为长江、黄河、澜沧江三条江河的发源地，多年平均径流量 499×10⁸ m³，其中长江 184×10⁸ m³、黄河 208×10⁸ m³、澜沧江 107×10⁸ m³，水质均为优良。国家公园内湖泊众多，面积大于 1 km² 的有 167 个，其中长江源园区 120 个、黄河源园区 36 个、澜沧江源园区 11 个，以淡水湖和微咸水湖居多。雪山冰川总面积 833.4 km²；河湖和湿地总面积 29 842.8 km²。三江源地区主要分布着湖泊型湿地、河流型湿地和沼泽型湿地 3 种，以扎陵湖、鄂陵湖及星宿海小湖泊群形成的湿地是典型的湖泊湿地；黄河源区河床较宽，水流缓慢，入河溪流多，水生植物生长良好，便发育成为河流型湿地；由丛生的草丘、水洼和草茎腐烂发育成的沼泽，以及热融湖塘、生长着高寒嵩草的沼泽草甸，在江河源区呈斑状广泛分布。

长江源区一般指直门达水文站控制的集水区域，位于 32°44′—36°12′N、89°45′—96°24′E，面积约 13.8×10⁴ km²，地处的羌塘高原位于青藏高原的腹地，源区内海拔高度在 3595 ~ 6354 m，总体上地势西高东低，地貌类型以高山丘陵为主。现代冰川 753 条，冰川面积 1276.02 km²，基本属大陆性冰川，冰雪融水是源区河流重要的补给来源，源区雪线高度 5500 ~ 5840 m。集中于青海省的玉树藏族自治州、果洛藏族自治州和海西蒙古族藏族自治州三州境内。长江源区是由北部的昆仑山、南部的唐古拉山、东部的巴颜喀拉山与西部的乌兰乌拉山、祖尔肯乌拉山形成的一个高原盆谷地，四周山峰海拔一般均在 5500 m 以上。其他区域的海拔则多在 4000 m 以上，源区平均海拔约 4700 m。长江源区内分布有沼泽、湖泊、雪山和冰川，冰川主要分布在长江源北部和西南部。长江源区一般呈平原状，起伏不大，切口不深，多为宽阔平坦的滩涂。由于地势平缓、冰期长、排水不畅，形成了大面积的沼泽。东南部的高山和峡谷地区相对高差多在 1000 m 以上，地形较为陡峭，坡度多在 30°以上。根据第一次冰川编目的结果，长江源区的主要支流沱沱河、当曲、楚玛尔河、科欠曲、聂恰曲和登额曲 6 个子流域共发育756 条冰川，其规模以中小型冰川为主，仅 8 条冰川面积大于 20 km²，这些大型冰川主要集中于格拉丹东峰地区。源区水系主要包括沱沱河、当曲和楚玛尔河。

长江源区是我国淡水资源的重要补给地，是亚洲、北半球乃至全球气候变化的敏感区和重要启动区，是全球生物多样性保护的重要区域，特殊的地理位置、丰富的自然资源、重要的生态功能使其成为我国乃至亚洲重要的生态安全屏障，是"亚洲水塔"的重要组成部分，在全国生态文明建设中具有特殊的地位。源区径流量占长江总流量的近 25%。该区流域面积约 13.8×10⁴km²，约占长江流域总面积的 7.8%。该区是寒区水文、生态学和气象学相互作用研究的典型地区之一。近年来，在全球气候变化的影响下，湖泊和湿地的萎缩、草地退化和永久冻土的融化威胁着整个青藏高原与长江流域。在气候变暖背景下，高寒区多相态水体转换明显加速，冰冻圈融水已成为高寒区水资源的关键组成和生态系统的重要水源。

从气候角度来看，长江源区地处青藏高原季风气候区，为亚寒带半湿润、半干旱气候区，属青藏高原的一部分，深处内陆，海拔高峻，这里具有高原大陆性的气候特征，表现为冷热两季交替，干湿两季分明，冬长夏短，年温差小，日温差大，日照时间长，辐射强烈，降水高度集中，水热同期。降水的水汽主要来源于印度洋。印度洋暖湿气流一部分沿澜沧江、金沙江河谷进入长江源区，另一部分暖湿气流沿雅鲁藏布江河谷翻过唐古拉山进入长江源区。降水呈现东南润、西北干的格局。暖季水汽丰富，降水较多，形成了明显干湿两季，而无四季之别。年平均气温-1.5~5.6℃，夏季均温也不超过10℃，降水主要集中在东部地区，深居高原腹地的西部广大地区降水稀少。年降水量300~630 mm，5月至9月降水量占全年的90%~95%，固态降水占很大比重。

长江源区庞大的扇状水系由长江正源沱沱河、南源当曲、北源楚玛尔河，以及通天河上段为主干组成。一级支流340条，其中流域面积大于300 km²的有45条；二级及二级以下的支流纵横密布。有些支流或河段为季节性河流。径流的年内分配主要取决于河流的补给类型。长江源区河流以降水为主要补给，年内分配也主要受降水的影响，季节性变化剧烈，汛期较集中于7—10月，连续4个月的径流量占全年径流量的50%~85%。长江源区多年平均径流深113 mm，年径流深的变幅为50~300 mm。流域西北部源头区为径流低值区，径流深25~50 mm；东南部因降水量较大，蒸发量相对较小，为径流深高值区。对直门达站1956—2018年的长序列实测径流资料进行统计分析，发现该站多年平均流量为478.8 m³/s，径流量为131.1×10⁸ m³。长江源区有沼泽面积约1.43×10⁴ km²，占长江源区总面积的13.9%。沼泽大多集中于长江源区东南部。从地势方面看，沼泽主要分布在河滨、湖泊周边的低洼地区，尤以河流中上游分布为多，当曲水系中上游和通天河上段以南各支流的中上游一带沼泽连片广布。以当曲流域沼泽发育最广，沱沱河次之，楚玛尔河则较少，长江源区东部的沼泽远多于西部地区。唐古拉山北侧的沼泽海拔最高达5350 m，也是世界上海拔最高的沼泽。

长江源区植被类型主要为高寒草甸和高寒草原，高寒草原主要分布在长江源区中部及北部，高寒草甸主要分布在长江源区东部和南部。高寒沼泽草甸是高寒草甸的一种特殊类型，主要分布在北麓河、温泉等地势低洼、排水不畅的地区。高寒沼泽草甸植被群落主要以针茅、西藏嵩草、羊茅、青藏苔草和矮火绒草等高寒植物为主。高寒草甸植被群落主要以高山嵩草、矮嵩草和线叶嵩草等为主。高寒草甸类是在高原高山亚寒带和寒带寒冷而湿润的气候条件下，以耐寒多年生中生草本植物为主或由高寒灌丛参与形成，是以矮草草群占优势的一类草地类型。在平面上，从东南向西北，土壤呈现高山灌丛草甸土-高山草甸土-高山草原化草甸土-高山草原土、高山荒漠草原土的逐步过渡规律。高山草甸土是长江源区分布面积最大的一类土壤，占总面积的60%以上，成土母质一般为残积-坡积、冰碛或冲洪积物，土壤冻结期长，含水量较高，有机质分解微弱，一般土层厚度小于80 cm，粗骨性强，为石质壤质土。高山草原土是仅次于高山草甸土的第二大类土壤，广泛分布于长江源区的西北部及中部滩地，其形成的气候条件是干旱少雨，成土母质以冲积-洪积或坡积物为主，土层较薄，质地粗，地表多卵石粗砂，土体干燥，无草皮层，粗骨性。长江源区的多年冻土是青藏高原多年冻土总面积的1/5。冻土主要为岛状不连续多年冻土和大片连续多年冻土。长江源区覆盖了青藏高原多年冻土最集中的地区，长江源区的大部分冻土是连续的永久冻土。

黄河源位于青藏高原东南部、青海省南部，以唐乃亥站作为黄河源区的出口控制断面，流域面积约 $12.20 \times 10^4 \ km^2$，大致位于 $32°20'—36°10'N$、$95°50'—103°30'E$。源区内海拔高度在 $2676 \sim 6142 \ m$，总体上地形呈南高北低、西高东低的趋势，地貌复杂多样，以高山、丘陵台地和平原为主。源区属典型高寒草原气候，干湿季与冷暖季分明，雨热同期，多年平均降水量在 $200 \sim 700 \ mm$，年均蒸发量 $1350 \ mm$。年日照时数 $2551 \sim 2577 \ h$，日照率 60%。最冷月均温 $-10℃$，最热月均温 $9.4℃$，多年平均气温 $-4 \sim 1.1℃$，唐乃亥站多年平均径流量 $19.98 \times 10^9 \ m^3$。黄河源天气复杂多变，常年多为大风天气，气候恶劣。域内黄河干流总长约 300 km，平均河宽为 90 m，水深不足 1 m，平均流量为 19.1 m³/s，最大流量为 50.6 m³/s，区域内总径流量为 6.02×10⁹ m³，自产地表水资源为 14.3×10⁹ m³。

黄河源是中华民族母亲河——黄河的源头区域。黄河源园区植被类型以高寒草甸为主，高山嵩草、西藏嵩草和矮嵩草占可利用草地面积的 71.05%，为优势种群。园区内草地资源、水资源与湿地资源丰富，生物多样性保护功能更是在全球处于重要的战略地位。除种类丰富的植物资源外，园区内还栖息着多种珍稀鸟类，以及以藏野驴为典型代表的，包括藏原羚、岩羊、野牦牛以及白唇鹿等在内的大型野生食草动物。然而，黄河源部分区域高寒草甸已发生重度退化，高原鼠兔活动频繁，植被盖度小于 20%，有的区域裸露秃斑面积大于 60%，属于重度退化草地。土壤为山地草甸土，土壤有机质含量 81.99 g/kg，全氮 4.3 g/kg，全磷 0.74 g/kg，硝态氮 26.74 mg/kg，铵态氮 4.97 mg/kg，速效磷 6.75 mg/kg，pH 为 7.85，草地类型为高寒草甸。原生植被均以莎草科的矮生嵩草和青藏苔草、禾本科的垂穗披碱草、中华羊茅和冷地早熟禾、豆科的黄花棘豆等为优势种，蔷薇科的鹅绒委陵菜为常见种，并伴有其他杂草。

雅砻江发源于巴颜喀拉山南麓，雅砻江源区是指甘孜水文站控制的流域，流域面积约 3.3×10⁴ km²，源区内海拔高度为 3367～5808 m。甘孜以上区域全长 667 km，河道比降 0.3%，占雅砻江整个流域面积的 5.7%，属于川西高原气候区，地貌类型复杂，以高山峡谷、高原丘陵为主，年降雨量为 500～600 mm。

澜沧江流域地处中国西南地区，位于 21°06′—33°48′N，93°48′—101°51′E，上、下游较宽，中游狭窄细长，自北向南表现为条带状分布。北部紧靠唐古拉山，毗邻长江上游通天河；东部以云岭山脉、宁静山、无量山脉作为与红河及金沙江的分水岭；西部以他念他翁山脉作为与怒江的分水岭，隔唐古拉山和怒山山脉与怒江并行南下；南至中国国境，出境后称湄公河。澜沧江流域的地势呈现西北高、东南低的特征，其地形起伏剧烈。西藏昌都以上为上游，位于青藏高原唐古拉山褶皱带，高程超过 4500 m，保存着较为完整的高原地貌。该区域一般山势较为平缓，干流河谷稍宽。昌都至云南四家村为中游，属于高山峡谷区。河谷深切于横断山脉之间，下切深度大，河谷狭窄，呈 "V" 字形。谷底高程在 1230~2200 m，相对高差一般为 2000 m 左右。四家村以下为下游，地势平缓。下游分水岭显著降低，最下游河床高程仅 486 m。澜沧江发源于青海省杂多县唐古拉山北麓查加日玛的西侧，其支流众多，其中有 138 条支流的流域面积大于 100 km²，41 条支流的流域面积大于1000 km²，3 条支流的流域面积大于 10 000 km²。支流一般较短，多为 20~50 km，天然落差较大，最大天然落差达 3000 m。河长超过 100 km 的支流有 13 条，主要支流包括子曲、昂曲、威远江、黑惠江、罗闸河、南班河、南腊河等，主要湖泊包括洱海等。澜沧江流域整体受高原山地气候和南亚热带季风气候影响，雨季一般为 5 月至翌年 10 月，旱季则为 11 月至翌年 4 月。流域内区域气候差异很大，上游为青藏高原高寒气候区，区内低温少雨；中游为寒带至亚热带过渡性气候区，其间垂向气候特征变化显著；下游为亚热带气候区，区内高温湿润。澜沧江流域的降水空间分布呈现由北向南逐渐递增的趋势。上游降雨主要集中在夏季，总体雨量较为稀少。中游受到季风和 "三江并流" 特殊地形条件的影响，降水量较大。下游地区则地势平缓，易于水汽输送，降水充沛。

疏勒河发源于祁连山脉西段的疏勒南山，上游区域位于疏勒南山与托来南山之间，由昌马堡水文站控制的疏勒河上游流域面积约为 1.10×10^4 km²，其上游流域内海拔范围 2103~5646 m，位于青藏高原东北边部的祁连山地区，该区域是西北内陆区与青藏高原的自然分界线，该地区的水资源在河西走廊地区绿洲形成与维持及保障社会经济持续健康发展方面起着举足轻重的作用。从地形方面来看，南部为青藏高原内陆的一个山间盆地——柴达木盆地，中部山区地形起伏较大、海拔较高，北部紧挨河西走廊，但是高程差达 3000 m；从气候角度来看，属于典型的干旱区，这主要缘于地理位置及降水，而且降水有从东南向西北逐渐减少的趋势。疏勒河是一条以冰川和积雪融水及山区降水补给为主的河流，多年平均径流量约为 $10.43×10^8 m^3$。作为河西走廊第二大内陆河流域，疏勒河位于河西走廊最西端，祁连山多年冻土区的冰雪融水是疏勒河流域主要的水源补给地。疏勒河流域干流全长 670 km，发源于祁连山多年冻土区的岗格尔肖合力岭，下游消失于敦煌市的哈拉湖，流域总面积达 $4.13×10^4 km^2$。其中，昌马峡为上游与中游分界线，双塔水库为中游与下游分界线，下游终止于哈拉诺尔。由于地处内陆深处，该流域属于典型的中国西北荒漠背景下的山地-绿洲-荒漠复合地域系统。该流域最为广泛分布的地带性景观类型为荒漠生态系统，绿洲景观和山地景观是镶嵌于荒漠中的景观类型。从气候学角度来讲，疏勒河流域位于中国西北干旱半干旱区，受控于温带大陆性气候，冬季严寒漫长，而夏季太阳辐射强烈、炎热干燥，在冬、春季节大风天气居多，导致蒸发极其强烈，土壤干燥，呈现寒旱气候条件下的荒漠-草原景观。党河是疏勒河水系中的一条主要河流，发源于祁连山西部的疏勒南山，由党城湾水文站控制的党河上游流域面积约为 $1.43×10^4 km^2$，其上游流域内海拔范围 2197～5470 m。党河水源主要靠冰川融水和大气降水补给，受山区河谷地下水调节。疏勒河流域还是甘肃省重要的商品粮基地之一，在古代就是“丝绸之路”上十分重要的灌溉农业区之一，历史十分悠久，其中水资源的作用不可忽视，可以说该农业灌溉区有水则发展，没水则衰退。然而，在全球气候变暖背景下，河西走廊地区生态环境已经发生显著改变，包括传统种植业、水资源状况及风沙活动加强。疏勒河流域同样出现了一系列生态环境问题，该流域上游地区主要以高寒草甸为主，是牧民重要的草场之一。然而，在经济利益驱使下，牧民饲养的牲畜数量逐年增多，过度放牧导致该地区草场严重退化，具体表现为植被盖度下降、多样性降低、植物物种改变，从而导致生态环境恶化。在中游地区，生态环境恶化主要体现在绿洲湿地面积不断缩小，沙地、盐碱地却不断增多，导致绿色生态如种植业严重退化，粮食产量降低。此外，修建水库对中游地区影响也十分巨大，体现在中、下游地区地下水补给来源不足，地下水位下降进而导致植被死亡，土地沙漠化。疏勒河流域土壤盐渍化现象也十分严重，主要是年降雨量少而蒸发强，导致土壤水热过程受到严重影响，土壤水分在蒸发过程中将土壤中的可溶解性盐分带到土壤表层积累，最终形成盐渍化土壤。疏勒河上游还发育着大量多年冻土，面积达 9447.16 km^2，占整个区域总面积的 83%；其中，17% 为季节性冻土分布区，面积为 1901.19 km^2。区域内多年冻土的主要类型为低温多年冻土，占总面积的 38%，23% 为中温多年冻土，其余为高温和极高温多年冻土。温度是判定冻土的很好的指标，在该区域，相关学者通过打钻埋探头的方法测定土壤温度，将地区冻土划分为六大类：极稳定冻土（年平均温度<-5℃）、稳定冻土（-5℃<年平均温度<-3℃）、亚稳定冻土（-3℃<年平均温度<-1.5℃）、过渡类型冻土（-1.5℃<年平均温度<-0.5℃）、不稳定冻土（-0.5℃<年平均温度<0.5℃）与极不稳定冻土（年平均温度>0.5℃）。该流域多年冻土分布的下界高程约为 3750 m，多年冻土形成与保存的重要因素是气候驱动，属于干旱气候条件下的山地多年冻土。此外，局地因素对该流域多年冻土的影响也十分显著。随着全球气候变暖，该流域多年冻土也发生了显著退化，具体表现为活动层厚度加大，土壤温度升高，植被盖度下降，多样性指数降低，物种改变，土壤粗砂含量增多、孔隙度增大、有机碳及总氮含量下降、含水量下降等。

黑河深居内陆，周围被高山环绕，受中高纬度的西风带环流控制和极地冷气团的影响，流域大气中的水汽主要来自北冰洋和大西洋，自西向东输送到区域内。流域气候干燥，水汽含量较少，但日照充足，昼夜温差大，年平均气温低，蒸发强烈，降水稀少且集中在夏季。全流域从上游到下游气候分布差异明显，根据不同的气候特点，可以分成 3 个不同类型的气候带。莺落峡以上的黑河上游以山地为主，是高寒半干旱气候带，平均气温低于 4℃，年平均无霜期累计可达 140 d，年日照时长共计 2600 h；气候垂直带交替变化显著，降水相对充足且蒸发少，降水量随高程增加而增加，是黑河流域重要的供水区域。中游走廊平原地段处于内陆地区，为温带干旱气候带，夏季水汽受高山阻挡，难以抵达；冬季受到西北冷高压影响，具有明显的大陆性气候特点，常年降水稀少且集中，春季多风沙，夏季炎热干燥，冬季严寒少雨，日照时间长，辐射强烈且蒸发大，平均气温在 8℃ 左右，年平均无霜期为 160 d，年日照时长超过 2800 h。下游是以戈壁和荒漠为主的干旱荒漠气候带，降水少、蒸发强、辐射大、日照长。平均气温为 6~10℃，年平均无霜期为 140~160 d，年日照时长为 2800~3000 h。

黑河发源于祁连山北麓中段，是我国第二大内陆河，自西南流向东北，全长 821 km，流域途经青海省、甘肃省和内蒙古自治区，流域面积约 1.3×10^5 km²。根据区域地貌差异，以莺落峡和正义峡为界，可以将黑河流域划分为上游、中游、下游三部分。黑河上游为莺落峡以南的祁连山地质构造隆升区，地势高亢，植被茂密，是流域产流区。流域土壤具有垂直地带性，主要分布有高山草甸土、高山灌丛草甸土、高山草原土、亚高山草甸土，这些土壤普遍具有高有机质和氮含量。黑河中游地区是指从莺落峡至正义峡之间的河段，流域内部地势低平，是绿洲与沙漠相间分布的走廊平原，60% 的耕地集中在这里，拥有高度发达的灌溉农业，是流域耗散区。黑河下游地势缓平，降水较少但蒸发强盛，除沿河两岸和居延海地区以外，基本属于荒漠戈壁带，主要分布灰棕荒漠土与灰漠土，气候环境异常恶劣，植被稀疏且单一，生态环境较为脆弱，是黑河径流的散失区。其中，由莺落峡水文站控制的黑河上游流域面积约为 $1.00×10^4 km^2$，黑河上游流域内海拔范围 1705~4781 m，多年年均径流量约为 $16.0×10^8 m^3$。黑河上游祁连山区降水量从东南向西北呈减少趋势，并随海拔升高而增加。流域植被覆盖类型主要有高山冰雪、高山草甸、高山草原、中山草甸、中山草原、中山森林和少量灌溉耕地等。积雪特征为：海拔 2700 m 以下为瞬时积雪，海拔 2700~3400 m 为斑状积雪，海拔 3400 m 以上为连续性积雪。

黑河流域的植被在上游、中游、下游存在较大差异。黑河上游植被类型丰富，垂直分布规律性很强，东西山区有分异，主要植被类型包括乔木林、灌木林、高山草甸和干草原，4000~4500 m 海拔带主要以高山垫状植被带为主；3800~4000 m 海拔带主要分布有高山草甸植被类型；3200~3750 m 海拔带主要生长着灌木金露梅和鬼箭锦鸡儿；2800~3200 m 海拔带主要分布有乔木林，乔木类型主要有青海云杉和祁连圆柏，青海云杉大多分布在海拔 2600~3400 m 的阴坡，祁连圆柏则分布在海拔 2600~3400 m 的阳坡；2300~2800 m 海拔带主要为山地干草原带。中游张掖盆地的地带化植被为温带小灌木、超旱生灌木、半乔木、半灌木荒漠植被，其中荒漠植被有明显的草原化特征。黑河中游山前冲积扇下部和河流冲积平原上还有绿洲农业存在，分布着栽培农作物和灌溉农业。另外，黑河中游地区还分布有湿地植被，如芦苇、香蒲等。黑河下游额济纳盆地深处大陆腹地地带，缺少海洋水汽，属于极端荒漠区，植物种类单一，生长着特有的河岸林、灌木林，呈现出荒漠天然绿洲的景观。植物大多具有耐旱、耐盐碱能力。即使在水分相对比较丰富的额济纳绿洲内，159 种高等植物中有 92 种为中旱生、强旱生或超旱生植物，所占比重为 57.86%。沿额济纳河两岸与湖积平原地带生长着中生和湿生的乔木、灌木和草本植物，植物种类有胡杨、沙枣、柽柳、芦苇、友友草、苦豆子、甘草和蔓草等。

　　黑河流域水资源以地表水为主，资源总量为 12.95×10^8 m^3；以地下水为辅，综合补给量为 5.69×10^8 m^3。流域内共有 7 座中小型水库，总库容量为 3263.75×10^4 m^3，全流域年径流总量为 1.58×10^8 m^3，超过 2/3（68.5%）的年径流量产生于 6—9 月，径流年际变化不明显。上游河道长 313 km，祁连山区降水较多且受冰川融水的补给，下垫面为石质山区且植被生长良好，是黑河径流形成区，径流量大小受自然降水、冰川融水以及植被覆盖等的影响，年际变化大且年内季节分配不均，颇具春汛、夏洪、秋平、冬枯的特征。中游河道长 204 km，降水较少而蒸发较强，下垫面状况有利于较多的地下储水量，一般强度的降水均耗散于蒸发，突发性的强降水大多通过下渗补给地下水，因此地表基本上不产流。而且中游地区属于径流利用区，农田遍布，沟渠纵横，农业水利发达，人类大规模地引用河水用于生活生产，使河川径流总量沿程减少。最下游河流尾闾附近，河道长 411 km。该流域属于径流消失区，通过土壤潜水层蒸发或者居延海水面蒸发的方式，地下径流和剩余的河川径流被尾闾地区所消耗。中游出口正义峡下泄的地表水可以为下游地区的社会经济发展和生态平衡发展提供支持水源。但是，中游地区大规模地引用河水，导致正义峡下泄水量逐年减少，且下游额济纳地区粗放的灌溉方式，导致下游地区面临严峻的水资源和环境压力。河川径流的补给来源有大气降水、冰雪融水和地下水等。由于河川径流受冰川补给的影响，径流年际变化相对不大，黑河径流多年变化相对稳定，对水资源利用有利。然而，河川径流年内分配不均匀。10 月至翌年 2 月，为径流枯水期；从 3 月开始，随着气温的升高，冰川融化和河川积雪融化，径流逐渐增加，至 5 月出现春汛期；6—9 月是降雨最多的时期，而且冰川融水也多。

　　石羊河流域位于河西走廊东部，发源于祁连山北麓东段，位于 36°29—39°27N、101°22—104°16E，流域总面积 4.16×10^4 km^2，涉 4 市 9

县（区），总体地势南高北低，流域水资源自南向北奔腾而去，消失于北部民勤盆地。从东到西有大靖河、古浪河、黄羊河、杂木河、金塔河、西营河、东大河、西大河 8 条河流。南部祁连山是石羊河流域的重要水源产流地，滋养着河西走廊等区域。该流域水系众多，形成了石羊河流域以山为源、以水为脉、层次丰富、脉络清晰、通达全域的径流结构。这种同气连枝的自然网络串联了全域生态要素和生态节点，形成了完整、连续的生命共同体。由杂木寺水文站控制的石羊河上游流域面积约为 851 km²，其上游流域内海拔范围 2046～4618 m。流域地势南高北低，自西南向东北倾斜，且深居大陆腹地，属大陆性温带干旱气候。石羊河流域由于特殊的地理位置和区域环境，是重要的降雪区，降雪区出现在秋末、冬季和初春，以冬季为主，年降雪量占降水总量的 9.8%～15.2%，年降雪日占降水总日数的 19.3%～55.1%。石羊河流域径流主要以高山冰雪融水以及降雨补给。根据第一次冰川编目，冷龙岭地区的粒雪线位于海拔 4300～4660 m，海拔 4500 m 以上的山峰发育现代冰川 244 条，其中，冷龙岭北坡发育现代冰川 141 条，属内陆水系，注入石羊河，冰川面积约 103.02 km²。

从地貌上来看，石羊河流域主要有山地、平原、荒漠三种地貌类型。南部祁连山区呈现地垒式的山地地貌景观特征；中部平原绿洲区中、西端地势平坦，土地肥沃，是工农业发达区域，东段为荒漠地带；北部荒漠区处于腾格里沙漠和巴丹吉林沙漠的交汇地带，是一种风积地貌，按沙丘分布高度及其活动状态可分为流动沙丘，半固定、固定沙丘。从气象上来看，石羊河流域属温带大陆性干旱气候，年平均气温 7.1℃、年平均降水量 262.9 mm、年平均蒸发量 1996.6 mm，降水少、气候干燥。从土壤来看，南部祁连山山地为冰川、高山、草甸土、亚高山草甸土、高山寒荒漠土、山地土有灰褐土、黑土、栗钙土；中部绿洲平原和北部荒漠区为灰钙土，灰棕漠土，绿洲有灌淤土。此外，还有盐土、草甸土、风沙土、沼泽土等土壤类型，其中风沙土分布最为广泛。从植被来看，流域大致分为山地垂直带、山地灌丛草甸植被带，山地冷蒿、克氏针茅草原植被带，灌木亚菊、合头草山地荒漠植被带，平原区荒漠化草原植被带，红沙、沙蒿、驼绒蒿、白刺荒漠植被带 5 种植被带，其中以荒漠植被分布范围最为广泛。流域上游、下游环境异质性较高，荒漠化与绿洲化交互胁迫，生态环境敏感脆弱。流域尺度以绿洲为基质，主要位于冰雪融化的山麓地带、河流或者潜流水域附近，上游呈漏斗状分布，下游呈带状分布。部分县域及镇域以荒漠为基质，沙漠和沙质荒漠化土地并存，森林、草原等斑块数量少，面积小且不连续。因此，科学识别尺度间生态安全格局差异，并促进尺度分异的生态安全格局协同优化至关重要。

石羊河流域位于亚欧大陆桥的咽喉地段和西陇海兰新线经济带的中心地段，经济区位十分重要。区内地势平坦，水土条件好，工农业发达，人口稠密，人类活动频繁，土地利用程度和城镇化水平较高，是全省乃至全国重点开发区域。受限于流域水资源供给及绿洲地势、土壤等要素，石羊河流域经济发展对生态系统具有高度依赖性，加上当前流域水资源供给风险、风沙侵蚀风险依然存在，流域经济发展对于生态安全格局尺度嵌套后形成的稳定生态系统具有较大的需求。石羊河流域物产丰富，农业资源得天独厚，是甘肃全省瓜果及肉类生产基地，日光温室蔬菜、肉蛋奶以及特色林果等发展优势明显。流域上游为祁连山区，气候冷凉，降水丰富，利于林业和畜牧业的发展。中游平原绿洲区，地势平坦，土地肥沃，是全省和全国重要的粮、油、瓜果和蔬菜生产基地。下游荒漠区，干旱少雨，日照充足，是沙生植物、名贵药材的主要产地。与经济发展一样，石羊河流域农业发展也多依靠流域的水资源供给，受风沙灾害威胁较大，生态风险较高，对于生态安全格局尺度嵌套后形成的稳定生态系统同样具有较大的需求。

第 3 章

数据和方法

　　积雪是中国冰冻圈河源区影响水文过程的重要因素之一。为了全面地认识和了解该地区积雪变化对流域春季径流的影响，基于气象站点雪深资料、微波遥感雪深（积雪深度）数据及水文数据，确定了本书的主要研究内容，本章对本书涉及的数据资料、研究方法等进行详细的说明。

3.1　数据来源

3.1.1　流域边界

　　近年来，ArcGIS 的 ArcSWAT 扩展模块得到了广泛开发和应用。ArcSWAT 的流域离散模块(watershed delineator)可基于 DEM 数据自动划分出子流域，主要步骤有加载 DEM、DEM 预处理、设定最小汇水面积、指定流域出水口、划分子流域、计算子流域参数等步骤。利用 ArcSWAT 进行流域离散化的过程如图 3-1 所示。本书采用分辨率为 3 s 的 SRTM(Shuttle Radar Topography Mission)数据，该数据下载网址为：http://srtm. csi. cgiar. org/。运用 ArcSWAT 2009 版本提取了我国三大积雪区 19 个流域边界的信息。

　　数字高程模型（DEM）数据是 ArcSWAT 模型流域划分的基础。首先，加载并设置 DEM，用于计算子流域的地形参数。此部分主要在

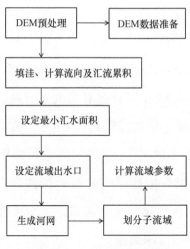

图 3-1　流域离散化过程

DEM Setup 部分进行，正确加载 DEM 之后，对原始 DEM 进行投影和校正，得到分辨率为 90 m×90 m 的 DEM 数据。其次，定义初始河网和设定流域出水口。本书选择基于阈值的河流定义，对 DEM 进行"填洼"、计算流向及汇流累积等预处理后，可设置阈值面积，即形成河流的最小汇水面积，并以此为标准生成河网。河网提取完成后，ArcSWAT 会在每条支流河道末端生成一个出水点（outlet），根据研究区大小，选择合适的流域出水口之后就可以划分子流域。本书有关研究信息的获取，是由人工编辑添加出水口到河网上，然后划分子流域，子流域划分完成后进一步计算各子流域的参数，如面积、流域长度等。

流域阈值的大小反映了划分的河网详细程度。设定的上游汇水面积越小，软件划分的河网越详细。

3.1.2　积雪数据

（1）地面台站逐日雪深数据

地面台站逐日积雪深度观测数据，来源于中国气象局，时间跨度为从建站到 2016 年。受自然和人为等多种因素的影响，我国积雪观测数据存在一定的问题，如许多积雪观测记录不完整、积雪深度数据缺失等，致使数据连续性较差的站点需要剔除，且研究区可应用的站点积雪观测记录长度（1950—2016 年）差异较大。有些站点的积雪深度观测记录极短，如青藏高原地区的琼结站（9 年）、乌兰站（14 年），北疆-天山地区的淖毛糊站（12 年），东北-内蒙古地区的永吉站和盘石站（19 年）等。为保证积雪指标时间趋势分析的合理性和准确性，本书中，对积雪观测记录小于 36 年的气象台站不予考虑。

（2）被动微波遥感雪深数据

考虑到本书所选部分流域内无气象观测台站，在分析流域积雪变化与径流关系时，结合了被动微波遥感雪深数据。被动微波遥感雪深数据集获取于中国雪深长时间序列数据集（1979—2016 年），来源于中国西部环境与生态科学数据中心（http：//westdc. westgis. ac. cn/）。该套数据基于有关算法（车涛在 Chang 算法基础上针对中国地区修正而来）进行雪深反演，且基于大量地面实测资料校准，是目前全球最权威的雪深数据之一。

用于反演该雪深数据集的原始数据来自美国国家冰雪数据中心（NSIDC）处理的 SMMR（1978—1987 年）、SSM/I（1987—2007 年）和 SSMI/S（2008 年至今）逐日被动微波亮温数据。被动微波传感器SMMR、SSM/I 和 SSMI/S 的主要特征见表 3-1。由于 3 个传感器搭载在不同的平台上，所以得到的数据存在一定的系统差异性。首先，对不同传感器的亮温进行交叉定标以提高亮温数据在时间上的一致性。其次，利用车涛在 Chang 算法基础上针对中国地区修正的算法进行雪深反演。采用 2000/2001 年冬季（12 月至翌年 2 月）MODIS 积雪产品和同期反演结果进行验证，总体精度平均达到 86.4%，最高精度达到 95.5%。目前，利用被动微波传感器测量雪深是区域和全球范围内测量雪深与雪水当量的最有效的方法。中国雪深长时间序列数据集被广泛应用，如北疆-天山的积雪深度和雪水当量的估算、东北地区的积雪深度评估，以及青藏高原地区的积雪深度评估。

表 3-1　被动微波传感器主要特征*

Sensors	SMMR	SSM/I	SSMI/S
卫星平台	NIMBUS-7	DMSP F-08, 11, 13	DMSP-F17
运行时间	1978.10.26—1987.08.20	1987.9.7—2009.4.28	2008.1.1 至今
观测角/（°）	50.2	53.1	53.1
数据采集频率	每隔一天	每天	每天
扫描宽度/km	780	1400	1700
空间分辨率/km	18：60×40 37：30×20	19.35：69×43 37：37×28	19.35：69×43 37：37×28

* 被动微波传感器主要特征修改自中国西部环境与生态科学数据中心（http：// westdc. westgis. ac. cn）和 Dai 等（2015）。

3.1.3　水文数据

中国三大积雪区 19 个流域的径流资料为各流域上游出山口水文站的逐月径流观测数据。这些径流数据大部分从 1960 年开始采集，所选流域径流数据时间跨度较长，除额尔古纳河和呼图壁河外，其他流域径流数据年限均超过 48 年，最长的数据记录年限为 70 年，各流域水文数据时段详见表 2-1。

3.2　研究方法

3.2.1　积雪变化

（1）冷季的定义

根据积雪季节变化的特点，本书将当年的 9 月 1 日至翌年的 8 月

31 日定义为一个积雪年（王海娥等，2016；马丽娟和秦大河，2012）。每个积雪年以 9—11 月、12 月至翌年 2 月、3—5 月以及 6—8 月，分别作为秋、冬、春、夏的季节起止时间。根据相关文献的定义和当地气候，定义了冷季为当年 11 月到翌年 3 月。

（2）积雪日的定义

目前，中国积雪研究中对于积雪日的定义和划分标准不同。根据《地面气象观测规范 雪深与雪压》（GB/T 35229—2017），当平均雪深不足 0.5 cm（微量积雪）时，记 0；当积雪深度大于等于 0.5 cm 时，数值四舍五入，最小值为 1 cm。因此，本书根据积雪深度对积雪日进行定义，当站点雪深符合观测要求，且其积雪深度达到或超过 1 cm 时，记作一个积雪日。

（3）积雪变化评估指标

对于季节积雪变化的评价，本书根据地面台站逐日雪深数据，选取积雪初日、积雪终日、积雪期、积雪日数及冷季雪深 5 个指标，全面评价积雪变化趋势。其中，积雪初日定义为一个积雪年内首次出现积雪深度记录的日期；积雪终日定义为一个积雪年内末次出现积雪深度记录的日期；积雪期定义为一个积雪年内积雪初日至积雪终日这一时间段的累计天数；积雪日数定义为一个积雪年内积雪初日至积雪终日之间有积雪深度记录的累计天数。本书中所称冷季雪深是指在一个积雪年内冷季（当年 11 月到翌年 3 月）积雪深度累加，再除以冷季的积雪日数，所得数值就是一个积雪年的冷季雪深。

（4）积雪变化评估应用数据

经过严格的质量控制后，以三大积雪区积雪深度观测记录时长大于等于 36 年（1950—2016 年）的站点为数据基础，最终东北-内蒙古积雪区共选择 104 个积雪观测站点，北疆-天山积雪区共选择 28 个积雪观测站点，青藏高原积雪区共选择 50 个积雪观测站点（见表 3-2），构建积雪初日、积雪终日、积雪期、积雪日数和冷季雪深 5 个指标，分析三大积雪区积雪变化状况。

表 3-2　研究区积雪观测站点基本信息

积雪区	站点名称	站点代码	纬度/（°N)	经度/（°E)	省/自治区	资料年份
北疆-天山积雪区	哈巴河	51053	48.05	86.40	新疆	1957—2016
	吉木乃	51059	47.43	85.87	新疆	1960—2016
	福海	51068	47.12	87.47	新疆	1957—2016
	阿勒泰	51076	47.73	88.08	新疆	1954—2016
	富蕴	51087	46.98	89.52	新疆	1961—2016
	塔城	51133	46.73	83.00	新疆	1953—2016
	和布克赛尔	51156	46.78	85.72	新疆	1953—2016
	青河	51186	46.67	90.38	新疆	1957—2016
	阿拉山口	51232	45.18	82.57	新疆	1956—2016
	托里	51241	45.93	83.60	新疆	1956—2016
	克拉玛依	51243	45.62	84.85	新疆	1956—2016
	北塔山	51288	45.37	90.53	新疆	1957—2016
	温泉	51330	44.97	81.02	新疆	1957—2016
	精河	51334	44.62	82.90	新疆	1953—2016
	乌苏	51346	44.43	84.67	新疆	1953—2016
	石河子	51356	44.32	86.05	新疆	1952—2016
	蔡家湖	51365	44.20	87.53	新疆	1958—2016
	奇台	51379	44.02	89.57	新疆	1951—2016
	伊宁	51431	43.95	81.33	新疆	1951—2016
	昭苏	51437	43.15	81.13	新疆	1954—2016
	乌鲁木齐	51463	43.78	87.65	新疆	1951—2016
	巴音布鲁克	51542	43.03	84.15	新疆	1957—2016
	库车	51644	41.72	82.97	新疆	1951—2016
	库尔勒	51656	41.75	86.13	新疆	1958—2016
	吐尔尕特	51701	40.52	75.40	新疆	1958—2016
	巴里塘	52101	43.60	93.05	新疆	1956—2016
	伊吾	52118	43.27	94.70	新疆	1958—2016
	哈密	52203	42.82	93.52	新疆	1951—2016

续表

积雪区	站点名称	站点代码	纬度/（°N）	经度/（°E）	省/自治区	资料年份
东北-内蒙古积雪区	漠河	50136	52.97	122.52	黑龙江	1957—2016
	塔河	50246	52.35	124.72	黑龙江	1960—2016
	新林	50349	51.70	124.33	黑龙江	1972—2016
	呼玛	50353	51.72	126.65	黑龙江	1954—2016
	额尔古纳右旗	50425	50.25	120.18	内蒙古	1957—2016
	图里河	50434	50.48	121.68	内蒙古	1957—2016
	大兴安岭	50442	50.40	124.12	黑龙江	1966—2016
	黑河	50468	50.25	127.45	黑龙江	1959—2016
	满洲里	50514	49.57	117.43	内蒙古	1956—2016
	海拉尔	50527	49.22	119.75	内蒙古	1951—2016
	小二沟	50548	49.20	123.72	内蒙古	1957—2016
	嫩江	50557	49.17	125.23	黑龙江	1951—2016
	孙吴	50564	49.43	127.35	黑龙江	1954—2016
	新巴尔虎右旗	50603	48.67	116.82	内蒙古	1957—2016
	新巴尔虎左旗	50618	48.22	118.27	内蒙古	1958—2016
	博克图	50632	48.77	121.92	内蒙古	1951—2016
	扎兰屯	50639	48.00	122.73	内蒙古	1952—2016
	北安	50656	48.28	126.52	黑龙江	1958—2016
	克山	50658	48.05	125.88	黑龙江	1951—2016
	阿尔山	50727	47.17	119.93	内蒙古	1952—2016
	富裕	50742	47.80	124.48	黑龙江	1956—2016
	齐齐哈尔	50745	47.38	123.92	黑龙江	1951—2016
	海伦	50756	47.43	126.97	黑龙江	1952—2016
	明水	50758	47.17	125.90	黑龙江	1953—2016
	伊春	50774	47.73	128.92	黑龙江	1955—2016
	鹤岗	50775	47.33	130.27	黑龙江	1955—2016
	富锦	50788	47.23	131.98	黑龙江	1952—2016
	索伦	50834	46.60	121.22	内蒙古	1957—2016
	乌兰浩特	50838	46.08	122.05	内蒙古	1951—2016
	泰来	50844	46.40	123.42	黑龙江	1958—2016
	绥化	50853	46.62	126.97	黑龙江	1952—2016

积雪区	站点名称	站点代码	纬度/ (°N)	经度/ (°E)	省/自治区	资料年份
	安　达	50854	46.38	125.32	黑龙江	1952—2016
	铁　力	50862	46.98	128.02	黑龙江	1957—2016
	佳木斯	50873	46.82	130.28	黑龙江	1951—2016
	依　兰	50877	46.30	129.58	黑龙江	1959—2016
	宝　清	50888	46.32	132.18	黑龙江	1956—2016
	东乌珠穆沁旗	50915	45.52	116.97	内蒙古	1955—2016
	白　城	50936	45.63	122.83	吉林	1951—2016
	乾　安	50948	45.00	124.02	吉林	1957—2016
	前郭尔罗斯	50949	45.08	124.87	吉林	1952—2016
	哈尔滨	50953	45.75	126.77	黑龙江	1951—2016
	通　河	50963	45.97	128.73	黑龙江	1952—2016
	尚　志	50968	45.22	127.97	黑龙江	1952—2016
	鸡　西	50978	45.30	130.93	黑龙江	1951—2016
	虎　林	50983	45.77	132.97	黑龙江	1956—2016
东北-内蒙古积雪区	二连浩特	53068	43.65	111.97	内蒙古	1955—2016
	那仁宝力格	53083	44.62	114.15	内蒙古	1957—2016
	阿巴嘎旗	53192	44.02	114.95	内蒙古	1952—2016
	苏尼特左旗	53195	43.87	113.63	内蒙古	1955—2016
	西乌珠穆沁旗	54012	44.58	117.60	内蒙古	1954—2016
	扎鲁特旗	54026	44.57	120.90	内蒙古	1952—2016
	巴林左旗	54027	43.98	119.40	内蒙古	1953—2016
	通　榆	54041	44.78	123.07	吉林	1955—2016
	长　岭	54049	44.25	123.97	吉林	1952—2016
	三岔河	54063	44.97	126.00	吉林	1952—2016
	牡丹江	54094	44.57	129.60	黑龙江	1951—2016
	绥芬河	54096	44.38	131.17	黑龙江	1952—2016
	锡林浩特	54102	43.95	116.12	内蒙古	1952—2016
	林　西	54115	43.60	118.07	内蒙古	1952—2016
	开　鲁	54134	43.60	121.28	内蒙古	1952—2016
	通　辽	54135	43.60	122.27	内蒙古	1951—2016
	双　辽	54142	43.50	123.53	吉林	1953—2016

续表

积雪区	站点名称	站点代码	纬度/（°N）	经度/（°E）	省/自治区	资料年份
	四 平	54157	43.17	124.33	吉林	1951—2016
	长 春	54161	43.90	125.22	吉林	1951—2016
	吉 林	54172	43.95	126.47	吉林	1951—2016
	蛟 河	54181	43.70	127.33	吉林	1951—2016
	敦 化	54186	43.37	128.20	吉林	1953—2016
	多 伦	54208	42.18	116.47	内蒙古	1952—2016
	翁牛特旗	54213	42.93	119.02	内蒙古	1956—2016
	赤 峰	54218	42.27	118.93	内蒙古	1951—2016
	宝国图	54226	42.33	120.70	内蒙古	1956—2016
	彰 武	54236	42.42	122.53	辽宁	1952—2016
	阜 新	54237	42.08	121.72	辽宁	1951—2016
	开 原	54254	42.53	124.05	辽宁	1954—2016
	清 原	54259	42.10	124.92	辽宁	1957—2016
	梅河口	54266	42.53	125.63	吉林	1952—2016
东北–	桦 甸	54273	42.98	126.75	吉林	1956—2016
内蒙古	靖 宇	54276	42.35	126.82	吉林	1954—2016
积雪区	东 岗	54284	42.10	127.57	吉林	1956—2016
	松 江	54285	42.53	128.25	吉林	1957—2016
	延 吉	54292	42.87	129.50	吉林	1953—2016
	朝 阳	54324	41.55	120.45	辽宁	1952—2016
	叶柏寿	54326	41.38	119.70	辽宁	1952—2016
	黑 山	54335	41.68	122.08	辽宁	1956—2016
	锦 州	54337	41.13	121.12	辽宁	1951—2016
	鞍 山	54339	41.08	123.00	辽宁	1951—2016
	沈 阳	54342	41.73	123.52	辽宁	1951—2016
	本 溪	54346	41.32	123.78	辽宁	1955—2016
	章 党	54351	41.92	124.08	辽宁	1951—2016
	通 化	54363	41.68	125.90	吉林	1951—2016
	桓 仁	54365	41.28	125.35	辽宁	1952—2016
	临 江	54374	41.80	126.92	吉林	1953—2016
	集 安	54377	41.10	126.15	吉林	1954—2016

续表

积雪区	站点名称	站点代码	纬度/(°N)	经度/(°E)	省/自治区	资料年份
东北-内蒙古积雪区	长 白	54386	41.42	128.18	吉林	1956—2016
	绥 中	54454	40.35	120.35	辽宁	1956—2016
	兴 城	54455	40.58	120.70	辽宁	1951—2016
	营 口	54471	40.65	122.17	辽宁	1951—2016
	熊 岳	54476	40.17	122.15	辽宁	1952—2016
	岫 岩	54486	40.28	123.28	辽宁	1952—2016
	宽 甸	54493	40.72	124.78	辽宁	1954—2016
	丹 东	54497	40.05	124.33	辽宁	1951—2016
	瓦房店	54563	39.63	122.02	辽宁	1957—2016
	皮 口	54575	39.42	122.37	辽宁	1956—2016
	庄 河	54584	39.72	122.95	辽宁	1956—2016
青藏高原积雪区	塔什库尔干	51804	37.77	75.23	新疆	1957—2016
	托 勒	52633	38.80	98.42	青海	1956—2016
	野牛沟	52645	38.42	99.58	青海	1959—2016
	祁 连	52657	38.18	100.25	青海	1956—2016
	大柴旦	52713	37.85	95.37	青海	1956—2016
	德令哈	52737	37.37	97.37	青海	1955—2016
	刚 察	52754	37.33	100.13	青海	1957—2016
	门 源	52765	37.38	101.62	青海	1956—2016
	乌鞘岭	52787	37.20	102.87	甘肃	1951—2016
	都 兰	52836	36.30	98.10	青海	1954—2016
	恰卜恰	52856	36.27	100.62	青海	1953—2016
	伍道梁	52908	35.22	93.08	青海	1956—2016
	贵 南	52955	35.58	100.75	青海	1999—2016
	同 德	52957	35.27	100.65	青海	1954—2016
	班 戈	55279	31.38	90.02	西藏	1956—2016
	安 多	55294	32.35	91.10	西藏	1965—2016
	那 曲	55299	31.48	92.07	西藏	1954—2016
	普 兰	55437	30.28	81.25	西藏	1973—2016
	申 扎	55472	30.95	88.63	西藏	1960—2016
	当 雄	55493	30.48	91.10	西藏	1962—2016

续表

积雪区	站点名称	站点代码	纬度/（°N）	经度/（°E）	省/自治区	资料年份
	聂拉尔	55655	28.18	85.97	西藏	1966—2016
	错那	55690	27.98	91.95	西藏	1967—2016
	帕里	55773	27.73	89.08	西藏	1956—2016
	托托河	56004	34.22	92.43	青海	1956—2016
	杂多	56018	32.90	95.30	青海	1956—2016
	曲麻莱	56021	34.13	95.78	青海	1956—2016
	玉树	56029	33.02	97.02	青海	1951—2016
	玛多	56033	34.92	98.22	青海	1953—2016
	清水河	56034	33.80	97.13	青海	1956—2016
	石渠	56038	32.98	98.10	四川	1960—2016
	达日	56046	33.75	99.65	青海	1956—2016
	河南	56065	34.73	101.60	青海	1959—2016
	久治	56067	33.43	101.48	青海	1958—2016
	玛曲	56074	34.00	102.08	甘肃	1967—2016
青藏高原	若尔盖	56079	33.58	102.97	四川	1957—2016
积雪区	合作	56080	35.00	102.90	甘肃	1957—2016
	索县	56106	31.88	93.78	西藏	1956—2016
	丁青	56116	31.42	95.60	西藏	1954—2016
	囊谦	56125	32.20	96.48	青海	1956—2016
	甘孜	56146	31.62	100.00	四川	1951—2016
	班玛	56151	32.93	100.75	青海	1960—2016
	色达	56152	32.28	100.33	四川	1961—2016
	阿坝	56171	32.90	101.70	四川	1954—2016
	红原	56173	32.80	102.55	四川	1960—2016
	松潘	56182	32.65	103.57	四川	1951—2016
	嘉黎	56202	30.67	93.28	西藏	1954—2016
	理塘	56257	30.00	100.27	四川	1952—2016
	康定	56374	30.05	101.97	四川	1951—2016
	德钦	56444	28.48	98.92	云南	1953—2016
	中甸	56543	27.83	99.70	云南	1958—2016

（5）积雪变化趋势分析方法

1）Mann-Kendall 检验法

Mann-Kendall 检验法是一种非参数统计检验方法，它不需要样本遵从一定的分布，也不受少数异常值的干扰，并且被世界气象组织推荐认可，现在已广泛应用于分析气候因子和水文要素的时间序列趋势变化研究中。本书运用 Mann-Kendall 检验法分析参数变化趋势的显著性。

假设所检测的时间序列数据（X_1，…，X_n），无趋势，Mann-Kendall 检验法的统计变量为 S，计算公式如下

$$S = \sum_{k=1}^{n-1} \sum_{k=j+1}^{n} Sgn(X_j - X_k) \tag{3-1}$$

$$Sgn(X_j - X_k) = \begin{cases} 1 & Sgn(X_j - X_k) = 1 \\ 0 & Sgn(X_j - X_k) = 1 \\ -1 & Sgn(X_j - X_k) = -1 \end{cases} \tag{3-2}$$

式中：n——样本系列数；X_j，X_k——j，k 年的相应测量值，k，$j \leqslant n$，且 $k \neq j$ 且 $j > k$。Sgn（$X_j - X_k$）为表征函数。S 服从正态分布，方差 Var（S）计算公式如下

$$Var(s) = \frac{n(n-1)(2n+5)}{18} \tag{3-3}$$

标准正态统计量 Z 计算公式如下

$$Z = \begin{cases} \dfrac{S-1}{\sqrt{Var(s)}} & S > 0 \\ 0 & S = 0 \\ \dfrac{S+1}{\sqrt{Var(s)}} & S < 0 \end{cases} \tag{3-4}$$

通过 Z 值对序列数据进行趋势及显著性检验，如果｜Z｜$\leqslant Z1-a/2$，则接受原假设，即所检测序列无变化趋势；如果｜Z｜$\geqslant Z1-a/2$，则拒绝原假设，即所检测序列数据有显著上升或下降趋势。如果 Z 大于 0，则所检测序列数据呈上升趋势；如果 Z 小于 0，则所检测序列数

据呈下降趋势。然后通过 Z 值，进一步判断所检测序列数据的显著水平。Z 的绝对值大于等于 1.65，表示通过了 90% 的显著性检验；Z 的绝对值大于等于 1.96，表示通过了 95% 的显著性检验；Z 的绝对值大于等于 2.58，表示通过了 99% 的显著性检验。

本书中的数据汇总、数据格式的同一化处理以及基本统计方法的计算，采用 Matlab 统计软件。

2）一元线性回归法

一元线性回归利用模拟方式展示某一变量与一个因子之间的关系。一般用一条直线表示该变量与其他因子的变化关系。本书利用线性回归法，分析研究三大积雪区积雪变化参数（积雪初日、积雪终日、积雪日数、积雪期、冷季雪深）的时间变化趋势。其一般表达式为

$$Y = ax + b \tag{3-5}$$

式中：x 为时间序列；b 为回归截距；a 为回归斜率。

本书描述积雪特征以 a 的 10 倍作为时间序列的平均变化趋势。

回归斜率 b 即为气候因子的线性变化率，反映气候因子随时间的变化趋势。b 为正值表示指标呈增加趋势，反之则呈减少趋势。为了评估线性拟合的好坏，笔者利用 Mann-Kendall 检验法计算出统计量 Z，进而获得对应的显著性检验水平 p 值。

3.2.2 春季径流变化

（1）春季径流变化评估指标

本书选取春季月平均流量、流域春季径流、流域春季径流比重评价指标，定量分析三大积雪区内流域春季径流对积雪变化的响应。其中，春季月平均流量是指 3 月径流变化、4 月径流变化、5 月径流变化；流域春季径流是指一个积雪年内 3 月至 5 月期间的平均流量；流域春季径流比重是指春季径流占年径流的比重。

（2）春季融雪径流切割方法

考虑到基流对春季径流的影响，首先需要对各流域进行基流分割。直接分割法简单适用，因此，本书采用直接分割法中的水平线分割法对各流域进行基流分割及去基流运算，从而消除基流对春季径流的影响。水平线分割法，即以月平均流量最小值为基准，在流量过程线上水平切割，其中在直线下方为全年基流量。在对多年流量过程进行基流分割时，水平线分割法一般选取多个水文年为代表年份，逐年绘制逐日平均流量过程线，以枯季（3 个月）月均流量的最小值为基准，进行基流分割。

（3）春季径流趋势分析方法

首先，本书运用 Mann－Kendall 检验法（详见第 3.2.1 节 Mann－Kendall 检验法介绍）分析流域春季径流指标的变化趋势和显著性。其次，利用 ArcGIS 9.3 软件绘制流域春季径流指标趋势分布图。

3.2.3　积雪与径流

（1）相关分析

相关分析就是研究一个变量与另一个变量间的相互关系，研究变量间相互关系的性质和紧密程度。换句话讲，相关分析的任务就是对相关关系给以定量的描述。在本书中，相关分析主要用以研究积雪参数（冷季雪深和积雪日数）与春季各月径流、春季径流及春季径流比重之间的关系。

（2）雪深径流指数（ID）

本书构建了雪深径流指数，是指春季月平均径流量与冷季平均雪深的比值，用于表征冷季雪深对春季月径流的贡献程度。计算公式如下

$$ID_i = \frac{\overline{R_i}}{\overline{D}} \qquad (3-6)$$

式中：ID_i 为春季各月雪深径流指数（$m^3/s \cdot cm$）；$\overline{R_i}$ 为月平均径流量

（m³/s）；$\overline{D}$ 为一个积雪年内冷季平均雪深（cm）。例如，3 月雪深径流指数为 3 月平均径流量与冷季平均雪深的比值。

（3）积雪日数径流指数（Id）

本书构建了积雪日数径流指数，是指春季月平均径流量与积雪日数的比值，用于表征积雪日数对春季月平均径流量的贡献程度。计算公式如下

$$Id_i = \frac{\overline{R_i}}{\overline{d}} \qquad\qquad (3-7)$$

式中：Id_i 为春季各月积雪日数径流指数（m³/s·d）；$\overline{R_i}$ 为月平均径流量（m³/s）；$\overline{d}$ 为一个积雪年内的积雪日数（d）。例如，5 月积雪日数径流指数为 5 月平均径流量与积雪日数的比值。

第 4 章

中国三大积雪区积雪变化

全球气候变暖已经成为无可争议的事实，而且比想象中来得更快，甚至有科学家称之为"危险的气候变暖"，并认为这是全世界最大的环境挑战。目前，这种增温趋势并没有停止。寒区冰冻圈和生态对全球变化极为敏感，冰冻圈萎缩对水资源跳跃式的而非趋势性的影响已经在若干地区得以显现，全球变化与水资源问题的焦点因而转移到了寒区。高海拔、高纬度是中国寒区的特色，高寒山区积雪变化过程研究是中国水资源预估及水源地保护的基础，是了解河流流域水循环过程的关键。中国积雪主要分布在北疆-天山地区、东北-内蒙古地区和青藏高原地区，积雪融水量占全国地表年径流量的13%左右，在水资源管理和利用方面发挥着重要作用。研究分析全球变暖背景下中国三大积雪区积雪变化，对寒区生态与水文过程以及适应和应对未来气候变化带来的影响均具有重要意义。

综上所述，本章主要研究气候变暖背景下，中国北疆-天山地区、东北-内蒙古地区和青藏高原地区三大积雪区积雪变化趋势。鉴于气象观测数据所得数据具有真实可靠、格式规范、时间序列较长的优点，因此，本章对北疆-天山积雪区、东北-内蒙古积雪区和青藏高原积雪区积雪变化趋势的研究，使用来源于中国气象局的地面台站逐日积雪深度观测数据，时间跨度为从建站到 2016 年。经过严格的质量控制后，最终在东北-内蒙古积雪区共选择 104 个积雪观测站点，在北疆-天山积雪区共选择 28 个积雪观测站点，在青藏高原积雪区共选择 50 个积雪观测站点，各积雪区积雪观测站点详见表 3-2。本书选取积雪初日、积雪终日、积雪期、积雪日数及冷季雪深 5 个指标，全面评价积雪变化趋势，各指标定义详见本书第 3 章。本文利用 Mann-Kendall 检验法分析三大积雪区各个观测站点的积雪初日、积雪终日、积雪期、积雪日数及冷季雪深 5 个指标的变化趋势和显著性，利用线性回归分析北疆-天山积雪区、东北-内蒙古积雪区、青藏高原积雪区及三大积雪区整体的积雪指标的变化趋势和显著性。

4.1 积雪日期变化

4.1.1 积雪初日变化

（1）北疆-天山积雪区

对北疆-天山积雪区 28 个观测站点的积雪初日指标时间序列进行 Mann-Kendall 检测，结果表明（见表 4-1）：北疆-天山积雪区 28 个气象站中，积雪初日推迟的站点有 23 个，且积雪初日显著推迟的站点有 13 个，5 个通过了 $p<0.01$ 的显著性检验、3 个通过了 $p<0.05$ 的显著性检验、5 个通过了 $p<0.1$ 的显著性检验。积雪初日提前的气象站有 5 个，但均未通过显著性检验。线性回归分析结果表明（见图 4-1a）：1960—2016 年，北疆-天山积雪区积雪初日整体推迟，推迟率 1.3 d/10 a，且达到 $p<0.05$ 的显著性水平。

（2）东北-内蒙古积雪区

对东北-内蒙古积雪区 104 个观测站点的积雪初日指标时间序列进行 Mann-Kendall 检测，结果表明（见表 4-1）：东北-内蒙古积雪区 104 个气象站中积雪初日推迟的站点有 80 个，积雪初日提前的站点有

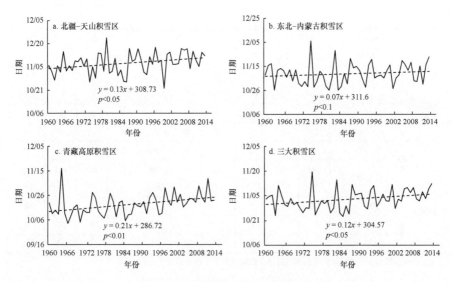

图 4-1　研究区积雪初日变化趋势

24 个。积雪初日显著推迟的气象站有 25 个，其中，3 个通过了 $p<0.01$ 的显著性检验、10 个通过了 $p<0.05$ 的显著性检验、12 个通过了 $p<0.1$ 的显著性检验；而积雪初日显著提前的气象站仅有 1 个。线性回归分析结果表明（图 4-1b）：1960—2016 年，东北-内蒙古积雪区积雪初日整体略有推迟，推迟率 0.7 d/10 a。

表 4-1　研究区站点积雪参数变化趋势统计检验

区域	显著性检验	积雪初日		积雪终日		积雪期		积雪日数		冷季雪深	
		推迟	提前	推迟	提前	延长	缩短	增加	减少	上升	下降
北疆-天山积雪区	趋势个数（显著性个数）	23 (13)	5 (0)	10 (1)	18 (5)	7 (1)	21 (9)	12 (3)	16 (6)	24 (9)	4 (0)
	$p<0.1$	5	0	0	2	0	1	1	3	3	0
	$p<0.05$	3	0	1	1	1	4	0	1	3	0
	$p<0.01$	5	0	0	2	0	4	2	2	3	0
东北-内蒙古积雪区	趋势	80 (25)	24 (1)	55 (19)	49 (14)	12 (1)	92 (43)	66 (24)	38 (8)	78 (46)	26 (7)
	$p<0.1$	12	0	4	4	1	12	6	1	7	3
	$p<0.05$	10	1	11	6	0	15	13	5	17	2
	$p<0.01$	3	0	4	4	0	16	5	2	22	2

续表

区域	显著性检验	积雪初日		积雪终日		积雪期		积雪日数		冷季雪深	
		推迟	提前	推迟	提前	延长	缩短	增加	减少	上升	下降
青藏高原积雪区	趋势	45 (22)	5 (0)	21 (3)	29 (12)	4 (0)	46 (32)	26 (5)	24 (8)	29 (2)	21 (2)
	$p<0.1$	3	0	2	3	0	4	3	2	2	2
	$p<0.05$	10	0	0	6	0	12	0	3	0	0
	$p<0.01$	9	0	1	3	0	16	2	3	0	0
三大积雪区	趋势	148 (60)	34 (1)	86 (23)	96 (31)	23 (2)	159 (84)	104 (32)	78 (22)	131 (57)	51 (9)
	$p<0.1$	20	0	6	9	0	17	10	6	12	5
	$p<0.05$	23	1	11	13	0	31	13	9	20	2
	$p<0.01$	17	0	6	9	0	36	9	7	25	2

注：表中数据表示趋势变化个数和通过显著性检验的站点数（单位：个）。

（3）青藏高原积雪区

对青藏高原积雪区 50 个观测站点的积雪初日指标时间序列进行 Mann-Kendall 检测，结果表明（见表 4-1）：青藏高原积雪区 50 个站点中积雪初日推迟的站点有 45 个，积雪初日提前的站点仅有 5 个。积雪初日显著推迟的气象站有 22 个，其中，9 个通过了 $p<0.01$ 的显著性检验、10 个通过了 $p<0.05$ 的显著性检验、3 个通过了 $p<0.1$ 的显著性检验；而积雪初日提前的气象站均未达到显著性水平。线性回归分析结果表明（见图 4-1c）：1960—2016 年，青藏高原积雪区积雪初日整体呈推迟趋势，推迟率为 2.1 d/10 a，且通过了 $p<0.01$ 的显著性检验。

（4）三大积雪区

对中国三大积雪区 182 个观测站点的积雪初日指标时间序列进行 Mann-Kendall 检测，结果表明（见表 4-1）：在 182 个气象站中，积雪初日推迟的气象站有 148 个，占总气象站的 81%。其中，积雪初日显著推迟的气象站有 60 个，17 个通过了 $p<0.01$ 的显著性检验、23 个通过了 $p<0.05$ 的显著性检验、20 个通过了 $p<0.1$ 的显著性检验。积雪初日

提前的气象站有 34 个，占总气象站的 19%，但积雪初日显著提前的气象站仅有 1 个（$p < 0.05$）。线性回归分析结果表明（见图 4-1d）：1960—2016 年，中国三大积雪区积雪初日呈推迟趋势，推迟率为 1.2 d/10 a，且通过了 $p < 0.05$ 的显著性检验。

4.1.2　积雪终日变化

（1）北疆-天山积雪区

对北疆-天山积雪区 28 个观测站点的积雪终日指标时间序列进行 Mann-Kendall 检测，结果表明（见表 4-1）：北疆-天山积雪区 28 个气象站中积雪终日提前的站点有 18 个，积雪终日推后的站点有 10 个。其中，积雪终日显著提前的气象站有 5 个，且 2 个通过了 $p < 0.01$ 的显著性检验、1 个通过了 $p < 0.05$ 的显著性检验、2 个通过了 $p < 0.1$ 的显著性检验。积雪终日显著推迟的气象站仅有 1 个通过了 $p < 0.05$ 的显著性检验。线性回归分析结果表明（见图 4-2 a）：1960—2016 年，北疆-天山积雪区积雪终日整体呈提前趋势，提前率 0.5 d/10 a，且通过了 $p < 0.1$ 的显著性检验。

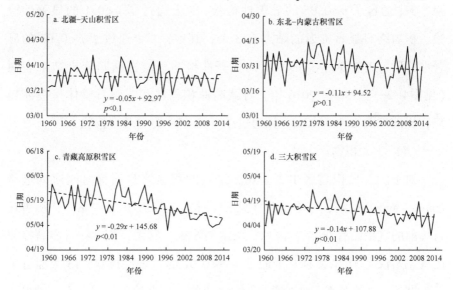

图 4-2　研究区积雪终日变化趋势

（2）东北-内蒙古积雪区

对东北-内蒙古积雪区 104 个观测站点的积雪终日指标时间序列进行 Mann-Kendall 检测，结果表明（见表 4-1）：东北地区 104 个气象站中积雪终日提前的站点有 49 个，积雪终日推迟的站点有 55 个。其中，积雪终日显著提前的站点有 14 个，且 4 个通过了 $p<0.01$ 的显著性检验、6 个通过了 $p<0.05$ 的显著性检验、4 个通过了 $p<0.1$ 的显著性检验。积雪终日显著推迟的站点有 19 个，其中，4 个通过了 $p<0.01$ 的显著性检验、11 个通过了 $p<0.05$ 的显著性检验、4 个通过了 $p<0.1$ 的显著性检验。线性回归分析结果表明（见图 4-2b）：1960—2016 年，东北-内蒙古积雪区积雪终日整体略有提前，提前率为 1.1 d/10 a。

（3）青藏高原积雪区

对青藏高原积雪区 50 个观测站点的积雪终日指标时间序列进行 Mann-Kendall 检测，结果表明（见表 4-1）：青藏高原积雪区 50 个站点中积雪终日提前的站点有 29 个，积雪终日推迟的站点有 21 个。其中，积雪终日显著提前的站点有 12 个，且 3 个通过了 $p<0.01$ 的显著性检验、6 个通过了 $p<0.05$ 的显著性检验、3 个通过了 $p<0.1$ 的显著性检验。积雪终日显著推迟的站点有 3 个，其中，1 个通过了 $p<0.01$ 的显著性检验、2 个通过了 $p<0.1$ 的显著性检验。线性回归分析结果表明（见图4-2c）：1960—2016 年，青藏高原积雪区积雪终日整体呈提前趋势，提前率为 2.9 d/10 a，且通过了 $p<0.001$ 的显著性检验。

（4）三大积雪区

对中国三大积雪区 182 个观测站点的积雪终日指标时间序列进行 Mann-Kendall 检测，结果表明（见表 4-1）：在 182 个气象站中，积雪终日提前的气象站有 96 个，占总气象站的 53%。其中，积雪终日显著提前的气象站仅有 31 个，且 9 个通过了 $p<0.01$ 的显著性检验、13 个通过了 $p<0.05$ 的显著性检验、9 个通过了 $p<0.1$ 的显著性检验。积雪终日推迟的

气象站有 86 个，占总气象站的 47.3%。其中，积雪终日显著推迟的气象站有 23 个，且 6 个通过了 $p<0.01$ 的显著性检验、11 个通过了 $p<0.05$ 的显著性检验、6 个通过了 $p<0.1$ 的显著性检验。线性回归分析结果表明（见图 4-2d）：1960—2016 年，中国三大积雪区积雪终日整体呈提前趋势，提前率 1.4 d/10 a，且通过了 $p<0.01$ 的显著性检验。

4.1.3　积雪期变化

（1）北疆-天山积雪区

对北疆-天山积雪区 28 个观测站点的积雪期指标时间序列进行 Mann-Kendall 检测，结果表明（见表 4-1）：北疆-天山积雪区的 28 个气象站中有 21 个站点的积雪期缩短，7 个站点的积雪期延长。其中，积雪期缩短的站点中有 9 个通过显著性检验，且 4 个通过了 $p<0.01$ 的显著性检验、4 个通过了 $p<0.05$ 的显著性检验、1 个通过了 $p<0.1$ 的显著性检验。积雪期延长的站点中仅有 1 个通过 $p<0.05$ 的显著性检验。线性回归分析结果表明（见图 4-3a）：1960—2016 年，北疆-天山积雪区的积雪期整体呈缩短趋势，减少率 1.5 d/10 a，且通过了 $p<0.1$ 的显著性检验。

（2）东北-内蒙古积雪区

对东北-内蒙古积雪区 104 个观测站点的积雪期指标时间序列进行 Mann-Kendall 检测，结果表明（见表 4-1）：有 92 个站点的积雪期缩短，12 个站点的积雪期延长。积雪期缩短的站点中有 43 个通过显著性检验，其中，16 个通过了 $p<0.01$ 的显著性检验、15 个通过了 $p<0.05$ 的显著性检验、12 个通过了 $p<0.1$ 的显著性检验。积雪期延长站点中仅有 1 个通过 $p<0.1$ 的显著性检验。线性回归分析结果表明（见图 4-3b）：1960—2016 年，东北-内蒙古积雪区的积雪期整体呈缩短趋势，减少率 1.9 d/10 a，且通过了 $p<0.05$ 的显著性检验。

（3）青藏高原积雪区

对青藏高原积雪区 50 个观测站点的积雪期指标时间序列进行 Mann-Kendall 检测，结果表明（见表 4-1）：有 46 个站点的积雪期缩短，4 个站点的积雪期延长。积雪期缩短的站点中有 32 个通过显著性检验，其中，16 个通过了 $p<0.01$ 的显著性检验、12 个通过了 $p<0.05$ 的显著性检验、4 个通过了 $p<0.1$ 的显著性检验。线性回归分析结果表明（图 4-3c）：1960—2016 年，青藏高原积雪期整体呈缩短趋势，减少率5.2 d/10 a，且通过了 $p<0.01$ 的显著性检验。

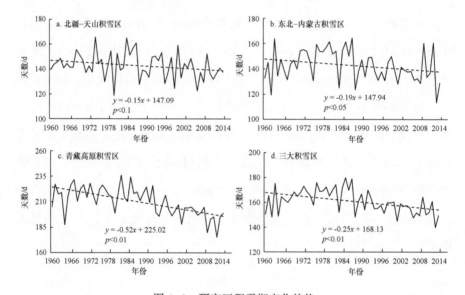

图 4-3 研究区积雪期变化趋势

（4）三大积雪区

对中国三大积雪区 182 个观测站点的积雪期指标时间序列进行 Mann-Kendall 检测，结果表明（见表 4-1）：积雪期缩短的气象站共有 159 个，积雪期延长的气象站共有 23 个。其中，积雪期显著缩短的气象站有 84 个，且 36 个通过了 $p<0.01$ 的显著性检验、31 个通过了 $p<0.05$的显著性检验、17 个通过了 $p<0.1$ 的显著性检验。积雪期显著

延长的气象站仅有 2 个，分别通过了 $p<0.1$ 和 $p<0.05$ 的显著性检验。线性回归分析结果表明（图 4-3d）：1960—2016 年，中国三大积雪区积雪期整体呈缩短趋势，减少率 2.5 d/10 a，且通过了 $p<0.01$ 的显著性检验。

4.1.4　积雪日数变化

（1）北疆-天山积雪区

对北疆-天山积雪区 28 个观测站点的积雪日数指标时间序列进行 Mann-Kendall 检测，结果表明（见表 4-1）：北疆-天山积雪区 28 个站点中有 16 个站点的积雪日数呈减少趋势，12 个站点的积雪日数呈增加趋势。其中，呈减少趋势的站点有 6 个通过显著性检验，且 2 个通过了 $p<0.01$ 的显著性检验，1 个通过了 $p<0.05$ 的显著性检验，3 个通过了 $p<0.1$ 的显著性检验。呈增加趋势的站点有 3 个通过显著性检验，其中，2 个通过了 $p<0.01$ 的显著性检验，1 个通过了 $p<0.1$ 的显著性检验。线性回归分析结果表明（见图 4-4a）：1960—2016 年，北疆-天山积雪区的积雪日数整体呈增加趋势，增长率 1.5 d/10 a，且通过了 $p<0.1$ 的显著性检验。

（2）东北-内蒙古积雪区

对东北-内蒙古积雪区 104 个观测站点的积雪日数指标时间序列进行 Mann-Kendall 检测，结果表明（见表 4-1）：东北-内蒙古积雪区 104 个站点中有 38 个站点的积雪日数呈减少趋势，66 个站点的积雪日数呈增加趋势。其中，呈减少趋势的站点有 8 个通过显著性检验，且 2 个通过了 $p<0.01$ 的显著性检验，5 个通过了 $p<0.05$ 的显著性检验，1 个通过了 $p<0.1$ 的显著性检验。呈增加趋势的站点有 24 个通过显著性检验，其中，5 个通过了 $p<0.01$ 的显著性检验，13 个通过了 $p<0.05$ 的显著性检验，6 个通过了 $p<0.1$ 的显著性检验。线性回归分析结果表明（见图 4-4b）：

1960—2016 年，东北-内蒙古积雪区的积雪日数整体呈增加趋势，增长率为2.8 d/10 a，且通过了 $p < 0.1$ 的显著性检验。

（3）青藏高原积雪区

对青藏高原积雪区 50 个观测站点的积雪日数指标时间序列进行 Mann-Kendall 检测，结果表明（见表4-1）：青藏高原积雪区的50 个站点中有 24 个站点的积雪日数呈减少趋势，26 个站点的积雪日数呈增加趋势。其中，呈减少趋势的站点有 8 个通过显著性检验，且 3 个通过了 $p < 0.01$ 的显著性检验，3 个通过了 $p < 0.05$ 的显著性检验，2 个通过了 $p < 0.1$ 的显著性检验。呈增加趋势的站点有 5 个通过显著性检验，其中，2 个通过了 $p < 0.01$ 的显著性检验、3 个通过了 $p < 0.1$ 的显著性检验。线性回归分析结果表明（图 4-4c）：1960—2016 年，青藏高原积雪区的积雪日数整体呈减少趋势，减少率为 0.1 d/10 a。

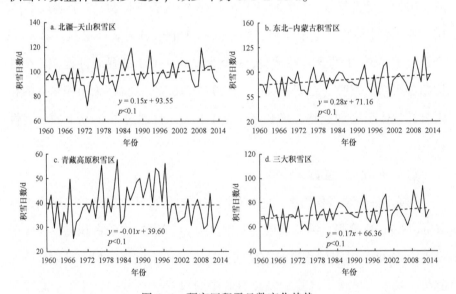

图 4-4　研究区积雪日数变化趋势

（4）三大积雪区

对三大积雪区 182 个观测站点的积雪日数指标时间序列进行 Mann-

Kendall 检测，结果表明（见表 4-1）：积雪日数呈增加趋势的气象站共 104 个，呈减少趋势的气象站共 78 个。呈增加趋势的站点有 32 个通过显著性检验，其中，9 个通过了 $p<0.01$ 的显著性检验，13 个通过了 $p<0.05$ 的显著性检验，10 个通过了 $p<0.1$ 的显著性检验。呈减少趋势的站点有 22 个通过显著性检验，其中，7 个通过了 $p<0.01$ 的显著性检验，9 个通过了 $p<0.05$ 的显著性检验，6 个通过了 $p<0.1$ 的显著性检验。线性回归分析结果表明（见图 4-4d）：1960—2016 年，中国三大积雪区总体积雪日数呈增加趋势，增长率为 1.7 d/10 a，且通过了 $p<0.1$ 显著性检验。

4.2　冷季雪深变化

（1）北疆-天山积雪区

对北疆-天山积雪区 28 个观测站点的冷季雪深指标时间序列进行 Mann-Kendall 检测，结果表明（见表 4-1）：北疆-天山积雪区 28 个站点中有 24（86%）个站点的冷季雪深呈上升趋势，其中，有 9 个站点通过显著性检验，且 3 个通过了 $p<0.01$ 的显著性检验、3 个通过了 $p<0.05$ 的显著性检验、3 个通过了 $p<0.1$ 的显著性检验。其余 4 个站点的冷季雪深呈下降趋势，且下降趋势均未通过显著性检验。线性回归分析结果表明（见图 4-5a）：1960—2016 年，北疆-天山积雪区冷季雪深整体呈上升趋势，增长率 0.8 cm/10 a，且通过了 $p<0.01$ 的显著性检验。

（2）东北-内蒙古积雪区

对东北-内蒙古积雪区 104 个观测站点的冷季雪深指标时间序列进行 Mann-Kendall 检测，结果表明（见表 4-1）：东北-内蒙古积雪区 104 个站点中有 78 个（75%）站点的冷季雪深呈上升趋势，26 个站点的冷季雪深呈下降趋势。上升站点中有 46 个通过显著性检验，其中，22 个

通过了 $p<0.01$ 的显著性检验、17 个通过了 $p<0.05$ 的显著性检验、7 个通过了 $p<0.1$ 的显著性检验。下降站点中有 7 个通过显著性检验，其中，2 个通过了 $p<0.01$ 的显著性检验、2 个通过了 $p<0.05$ 的显著性检验、3 个通过了 $p<0.1$ 的显著性检验。线性回归分析结果表明（见图 4-5b）：1960—2016 年，东北-内蒙古积雪区冷季雪深整体呈上升趋势，增长率 0.6 cm/10 a，且通过了 $p<0.01$ 的显著性检验。

（3）青藏高原积雪区

对青藏高原积雪区 50 个观测站点的冷季雪深指标时间序列进行 Mann-Kendall 检测，结果表明（见表 4-1）：青藏高原积雪区 50 个站点中有 29 个（58%）站点的冷季雪深呈上升趋势，21 个站点的冷季雪深呈下降趋势。呈上升趋势和下降趋势的站点中各有 2 个通过了 $p<0.1$ 的显著性检验。线性回归分析结果表明（见图 4-5c）：1960—2016 年，青藏高原积雪区冷季雪深整体呈上升趋势，增长率 0.1 cm/10 a，且通过了 $p<0.05$ 的显著性检验。

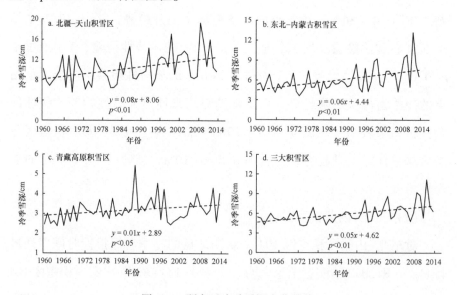

图 4-5　研究区冷季雪深变化趋势

（4）三大积雪区

对中国三大积雪区 182 个观测站点的冷季雪深指标时间序列进行 Mann-Kendall 检测，结果表明（见表 4-1）：中国三大积雪区冷季雪深呈上升趋势的气象站共 131 个，呈下降趋势的气象站共 51 个。呈上升趋势的站点中有 57 个通过显著性检验，其中，25 个通过了 $p<0.01$ 的显著性检验、20 个通过了 $p<0.05$ 的显著性检验、12 个通过了 $p<0.1$ 的显著性检验。呈下降趋势的站点中有 9 个通过显著性检验，其中，2 个通过了 $p<0.01$ 的显著性检验、2 个通过了 $p<0.05$ 的显著性检验、5 个通过了 $p<0.1$ 的显著性检验。线性回归分析结果表明（见图 4-5d）：1960—2016 年，中国三大积雪区冷季雪深整体呈上升趋势，增长率 0.5 cm/10 a，且通过了 $p<0.01$ 的显著性检验。

4.3　讨论与小结

4.3.1　讨论

在气候变暖背景下，中国多地区表现出积雪初日推迟、积雪终日提前、积雪期缩短的趋势。本书基于中国三大积雪区内 182 个观测站点的冷季雪深资料，进行了线性回归分析，结果表明：整体上表现出积雪初日推迟、积雪终日提前、积雪期缩短的趋势。这主要与气温升高有关。积雪日数在青藏高原积雪区略呈减少趋势，在北疆-天山积雪区、东北-内蒙古积雪区呈增加趋势，且通过了 $p<0.1$ 的显著性检验。众多学者对积雪日期变化进行了大量研究，虽然存在计算方法、时间尺度或研究区域等方面的差异，但在欧亚大陆和北极地区积雪的变化趋势上整体表现为积雪初日推迟、积雪终日提前和积雪期缩短。如相关研究表明 1980—2006 年欧亚大陆积雪终日呈提前趋势，变化率为（2.6±5.6）d/10 a。然而,全球积雪变化存在区域差异的客观事实。例如，在欧洲俄罗斯北

部地区和西伯利亚南部山区，积雪期缩短，而在雅库特和远东地区却发现积雪期有所增加。在高海拔和高纬度地区，北半球积雪期缩短趋势更明显。

此外，欧亚大陆和北极多年平均（最大）积雪深度总体呈增加趋势，同样存在显著的区域差异。如欧亚大陆站点观测数据表明，在俄罗斯联邦的西半部，冬季平均积雪深度显示出增加的趋势，而在西伯利亚南部的山区雪深却显示出减少趋势。类似地，瑞士阿尔卑斯山区平均积雪深度在 20 世纪 80 年代之前呈缓慢增加趋势，到了 20 世纪末却表现为减少趋势。本书基于站点观测雪深资料所做的线性回归分析结果表明：北疆-天山积雪区、东北-内蒙古积雪区、青藏高原积雪区及这三大积雪区的整体冷季雪深均呈增加趋势，且均通过了显著性检验。已有学者对中国雪深变化进行了相关研究，但是由于研究区域、时间或资料等的不同，得到的中国积雪变化规律也不尽相同。如马丽娟和秦大河（2012）基于 1957—2009 年站点雪深数据（日积雪深度数据为痕量的，一律赋值 0.5 cm）研究发现，中国及各区域年平均雪深表现为波动增加趋势，但不显著。李小兰等（2012）对比分析了中国地区地面观测积雪深度和遥感雪深，结果表明：基于两种资料，得出的北疆-天山和青藏高原区域的积雪深度变化趋势一致，北疆-天山为上升趋势，青藏高原有减少的趋势；但基于这两种资料，在东北地区得到的积雪深度变化趋势恰恰相反，站点观测雪深呈上升趋势，而遥感观测雪深呈下降趋势。此外，流域尺度上微波冷季雪深的变化趋势表明，流域尺度上冷季雪深在平原（高原）如东北、青藏高原腹地呈下降趋势，而在山区如天山、祁连山以上升趋势为主。主要原因是西北、青藏高原降水（特别是山区降水）增加导致流域尺度上冷季雪深增加。但也有一个例外，天山北坡由于逆温层发展，降水在山前增加而不是在山上增加，导致天山北坡山区降水、冷季雪深均呈下降趋势。

4.3.2　小结

本章以我国三大积雪区内 182 个站点的雪深气象观测资料为基础，构建积雪初日、积雪终日、积雪期、积雪日数和冷季雪深 5 个指标，分析了三大积雪区积雪变化趋势。主要结论如下。

过去 50 年，我国三大积雪区积雪发生了显著变化：积雪初日推迟率 1.2 d/10 a，积雪终日提前率 1.4 d/10 a，积雪期减少率 2.5 d/10 a，积雪日数增长率为 1.7 d/10 a，冷季雪深增长率 0.5 cm/10 a；其中，积雪初日通过了 $p<0.05$ 的显著性检验，积雪终日、积雪期、冷季雪深均通过了 $p<0.01$ 的显著性检验。1960—2016 年，北疆-天山积雪区、东北-内蒙古积雪区、青藏高原积雪区的积雪初日推迟率分别为 1.3 d/10 a（$p<0.05$）、0.7 d/10 a 和 2.1 d/10 a（$p<0.01$）；积雪终日提前率分别为 0.5 d/10 a（$p<0.1$）、1.1 d/10 a 和 2.9 d/10 a（$p<0.01$）；积雪期减少率分别为 1.5 d/10 a（$p<0.1$）、1.9 d/10 a（$p<0.05$）和 5.2 d/10 a（$p<0.01$）；冷季雪深增长率分别为 0.8 cm/10 a（$p<0.01$）、0.6 cm/10 a（$p<0.01$）和 0.1 cm/10 a（$p<0.05$）。积雪日数在青藏高原积雪区略有减少趋势，减少率为 0.1 d/10 a；在北疆-天山积雪区、东北-内蒙古积雪区均呈增加趋势，增长率分别为 1.5 d/10 a 和 2.8 d/10 a，且均通过了 $p<0.1$ 的显著性检验。

第 5 章

积雪区典型流域春季径流指标变化

气候变暖对寒区影响重大。从全球来看，寒区占全球陆地面积的 1/4 以上，约 75% 的淡水资源储存于寒区陆地冰冻圈中，超过 1/6 的世界人口直接生活在冰雪作用区域，仅发源于亚洲高海拔寒区的 10 条大江、大河就孕育着全球约 40% 的人口。

积雪融水对发源于中、高纬度或高海拔地区的大多数河流影响显著，如阿尔卑斯山、环北极地区、青藏高原地区。一方面，以积雪融水为主要补给来源的流域径流量受到了显著影响。在中国西北地区，积雪消融对河流径流量的影响变化范围在 20% ~ 50%。比如，施雅风等（2003）研究发现，新疆地区的 26 条主要河流中有 18 条平均年径流量显著增加。特别是在春季，在天山北部山脉典型内陆河流域，积雪融水对河流径流量的贡献为 27.3%，而在位于天山山脉南部的典型内陆河流域，超过 44% 的河流径流量来源于积雪融水（Sun et al.，2016）。在乌鲁木齐河、开都河及阿克苏河流域，过去半个世纪径流量增加的主要原因是冰雪融水径流量的增加。而且由于冰川及积雪消融的改变，一些河流的夏季最大径流量已经发生了显著变化，夏季径流将可能进一步减小。在青藏高原不同地区，积雪融水对河流径流的补给量介于 9.8% 和 25.4% 之间，比如，黄艳艳等（2018）研究发现，在青藏高原东南缘的雅砻江上游，高达 24.89% 的径流量来源于冬季积雪。在德国高海拔地区及瑞士阿尔卑斯山，区域内雪水当量明显减少。而且冬季积雪积累量的减少会导致随后暖季积雪消融量的减少。在瑞士，最大雪水当量的减少降低了 7 月最小径流量，这是高海拔地区积雪融水对河流径流量影响的有力证据。在美国加利福尼亚州的内华达山脉地区，雪水当量峰值降低 10% 会导致年平均最小径流量降低 9%~22%（Godsey et al.，2014）。在欧洲，雨雪混合的降水体系转为以降雨为主的降水体系会导致夏季径流量的显著下降。类似地，在美国，以降雪为主的降水比例增加会增加河流的径流量。

另一方面，在全球气候变暖背景下，以积雪融水为主要补给来源的流域径流年内分配受到了显著影响。已有研究表明，以积雪融水为主要补给来源的流域径流量和季节特征都发生了改变。如 Bavay 等（2013）研究表明，在瑞士东部高海拔山区，冬季径流量明显增多，春季积雪融化显著提前，而夏季径流呈现减小的趋势。类似地，Stewart（2009）发现 1948—2002 年北美很多河流的积雪消融时间提前，融雪径流的集中期也明显提前。在托什干河流域，基于模型模拟研究发现 4 月之前的径流量变化并不大，但是 5 月以后径流量明显增加，这与积雪消融有很大的关系（李晶 等，2014）。在黄河源，3 月径流呈上升趋势，4 月和 5 月径流则呈下降趋势。新疆北部以积雪融水补给的克兰河的最大径流出现时间由 6 月提前到 5 月（沈永平 等，2007）。

综上所述，积雪变化可能会引起流域径流特别是春季径流的变化。因此，本书选取春季各月径流（3 月径流、4 月径流、5 月径流）、春季径流及春季径流比重评价指标，定量分析这些径流指标在我国三大积雪区流域的变化趋势。其中，三大积雪区 19 个流域的径流资料为各流域上游出山口水文站的逐月径流观测数据，各流域水文数据时段详见表 2-1。本文运用 Mann-Kendall 检验法分析各流域春季月平均流量（3 月径流、4月径流、5月径流)、流域春季径流、流域春季径流比重各个指标的变化趋势和显著性。此外,为了进一步证实气温升高对融雪径流的影响,且考虑到东北、北疆-天山和青藏高原等区域均在1980—1990年发生气温突变(孟秀敬 等,2012;吕少宁 等,2010),本章对比分析了我国三大积雪区19个流域1985年前后两时段春季的各月径流比重趋势变化。

5.1 春季月平均流量变化

5.1.1 3月径流变化

对三大积雪区19个流域3月径流指标时间序列进行Mann-Kendall检测,结果表明(表5-1、表5-2):74%的流域3月径流呈增加趋势(或基本无变化)。其中,7个流域呈增加趋势,7个流域无明显变化,5个流域呈下降趋势。7个呈增加趋势的流域中有6个流域通过了显著性检验,其中,3个流域通过了$p < 0.01$的显著性检验,2个流域通过了$p < 0.05$的显著性检验,1个流域通过了$p < 0.1$的显著性检验。呈下降趋势的流域中仅有1个流域通过了$p < 0.05$的显著性检验。

表5-1 研究区流域各指标变化趋势

区域	代码	年变化				
		3月径流 / (m³/s)	4月径流 / (m³/s)	5月径流 / (m³/s)	春季径流 / (m³/s)	春季径流比重 /%
东北-内蒙古积雪区	1	0.000	-2.040	-5.749	**-2.580**	**-0.745**
	2	0.000	0.095	-0.304	0.051	-0.071
	3	**0.010**	-0.346	-0.940	-0.406	*-0.406*
	4	*0.045*	-0.727	-1.111	-0.696	**-0.365**

续表

区域	代码	年变化				
		3 月径流 / (m³/s)	4 月径流 / (m³/s)	5 月径流 / (m³/s)	春季径流 / (m³/s)	春季径流比重 /%
北疆-天山积雪区	5	-0.004	0.092	<u>0.950</u>	*0.357*	0.067
	6	0.000	0.038	*0.491*	*0.164*	0.019
	7	**0.000**	0.017	**0.099**	**0.053**	-0.002
	8	<u>0.004</u>	0.017	0.006	0.008	-0.018
	9	*0.014*	<u>-0.020</u>	<u>-0.071</u>	**-0.022**	-0.225
	10	-0.004	-0.002	0.037	0.005	-0.010
	11	0.000	-0.003	0.001	-0.004	0.009
	12	0.000	0.013	-0.048	-0.013	-0.035
青藏高原积雪区	13	0.095	-0.195	-1.435	-0.417	0.014
	14	<u>0.168</u>	-0.105	-0.386	**0.414**	-0.005
	15	-0.022	-0.220	0.241	0.092	**0.045**
	16	*-0.022*	*-0.082*	<u>-0.105</u>	-0.063	<u>-0.211</u>
	17	-0.004	**0.040**	0.014	0.021	-0.016
	18	<u>0.036</u>	0.048	0.090	**0.067**	-0.006
	19	0.000	-0.005	-0.022	-0.006	0.028

注：数字为粗体、斜体、加下划线，分别代表相关指标通过了 $p<0.1$ 、$p<0.05$、$p<0.01$ 的显著性检验；春季径流比重指春季径流占年径流的比重。

表 5-2　研究区流域各指标变化趋势统计检验

区域	3 月径流			4 月径流		5 月径流		春季径流		春季径流比重	
	上升	不变	下降	上升	下降	上升	下降	上升	下降	上升	下降
三大积雪区	7 (6)	7 (1)	5 (1)	8 (1)	11 (3)	9 (3)	10 (3)	10 (5)	9 (3)	6 (1)	13 (5)
东北-内蒙古积雪区	2 (2)	2 (0)	0 (0)	1 (0)	3 (1)	0 (0)	4 (1)	1 (0)	3 (1)	0 (0)	4 (3)
北疆-天山积雪区	2 (2)	4 (1)	2 (0)	5 (1)	3 (1)	6 (0)	2 (1)	5 (3)	3 (1)	3 (0)	5 (1)
青藏高原积雪区	3 (2)	1 (0)	3 (1)	2 (0)	5 (1)	3 (1)	4 (2)	4 (2)	3 (1)	3 (1)	4 (1)

注：表中数据表示趋势变化个数和通过显著性检验的站点数（单位：个）；春季径流比重指春季径流占年径流的比重。

5.1.2 4 月径流变化

对三大积雪区 19 个流域 4 月径流指标时间序列进行 Mann-Kendall 检测，结果表明（见表 5-1）：11 个流域呈下降趋势，其中，有 2 个流域通过了 $p < 0.05$ 的显著性检验、1 个流域通过了 $p < 0.01$ 的显著性检验。8 个流域径流量呈上升趋势，且仅有 1 个流域通过了 $p < 0.1$ 的显著性检验。从区域上来讲，在东北-内蒙古积雪区，3 个（75%）流域春季径流呈下降趋势，有 1 个流域通过了 $p < 0.05$ 的显著性检验；在北疆-天山积雪区，3 个（38%）流域春季径流呈下降趋势，其中，有 1 个流域通过了 $p < 0.01$ 的显著性检验；在青藏高原积雪区，5 个（71%）流域春季径流呈下降趋势，其中，有 1 个流域通过了 $p < 0.05$ 的显著性检验（见表 5-2）。对比分析东北-内蒙古积雪区、北疆-天山积雪区和青藏高原积雪区 19 个流域 4 月径流变化趋势发现，4 月径流呈减少趋势的流域比例为：东北-内蒙古积雪地区（75%）＞青藏高原积雪区（71%）＞北疆-天山积雪区（38%）。

5.1.3 5 月径流变化

对三大积雪区 19 个流域 5 月径流指标时间序列进行 Mann-Kendall 检测，结果表明（见表 5-1）：10 个（53%）流域的径流量呈现下降趋势，其中，有 2 个流域通过了 $p < 0.01$ 的显著性检验，1 个流域通过了 $p < 0.05$ 的显著性检验。9 个（47%）流域的春季径流呈上升趋势，其中，1 个流域通过了 $p < 0.1$ 显著性检验，1 个流域通过了 $p < 0.05$ 的显著性检验，1 个流域通过了 $p < 0.01$ 的显著性检验。从区域上来讲，在东北-内蒙古积雪区，4 个流域（100%）春季径流呈下降趋势，其中有 1 个流域通过了 $p < 0.05$ 的显著性检验；在北疆-天山积雪区，2 个（25%）流域春季径流呈下降趋势，且有 1 个流域通过了 $p < 0.01$ 的显著

性检验；在青藏高原积雪区，4 个（57%）流域春季径流呈下降趋势，其中有 1 个流域通过了 $p<0.01$ 的显著性检验（见表 5-2）。对比分析东北-内蒙古地区、北疆-天山积雪区和青藏高原积雪区 19 个流域 5 月径流变化趋势发现，5 月径流呈下降趋势的流域比例为：东北-内蒙古积雪区（100%）>青藏高原积雪区（57%）>北疆-天山积雪区（25%）。

5.2　流域春季径流变化

对三大积雪区 19 个流域春季径流指标时间序列进行 Mann-Kendall 检测，结果表明（见表 5-1）：10 个（53%）流域春季平均径流量呈上升趋势，其中，2 个流域通过了 $p<0.05$ 的显著性检验，3 个流域通过了 $p<0.1$ 的显著性检验。9 个（47%）流域春季平均径流呈下降趋势，其中，1 个流域通过了 $p<0.01$ 显著性检验，2 个流域通过了 $p<0.1$ 显著性检验。从区域上讲，在北疆-天山积雪区，5 个（63%）流域春季径流呈增加趋势，其中有 1 个流域通过了 $p<0.1$ 的显著性检验、2 个流域通过了 $p<0.05$ 的显著性检验；在青藏高原积雪区，4 个（57%）流域春季径流呈增加趋势，有 2 个流域通过了 $p<0.1$ 的显著性检验；在东北-内蒙古积雪区，1 个（25%）流域春季径流呈增加趋势，但未通过显著性检验（表 5-2）。对比分析东北-内蒙古积雪区、青藏高原积雪区和北疆-天山积雪区 19 个流域春季径流变化趋势，结果表明，春季径流呈上升趋势的流域比例为：北疆-天山积雪区（63%）> 青藏高原积雪区（57%）> 东北-内蒙古积雪区（25%）。

5.3　流域春季径流比重变化

对三大积雪区 19 个流域春季径流比重指标时间序列进行 Mann-Kendall 检测，结果表明（见表 5-1）：19 个流域中的 13 个（68%）春季径流比重呈下降趋势；其中，2 个流域通过了 $p<0.1$ 的显著性检验，1

个流域通过了 $p<0.05$ 的显著性检验，2 个流域通过了 $p<0.01$ 的显著性检验。有 6 个（32%）流域春季径流比重呈上升趋势，且仅有 1 个流域通过了 $p<0.1$ 的显著性检验。从区域上来看，东北-内蒙古积雪区流域春季径流比重均呈下降趋势，2 个流域通过了 $p<0.1$ 的显著性检验，1 个流域通过了 $p<0.1$ 的显著性检验。北疆-天山积雪区所选流域中有 63% 的流域呈下降趋势，1 个流域通过了 $p<0.01$ 的显著性检验；青藏高原积雪区有 57% 的流域呈下降趋势，1 个流域通过了 $p<0.01$ 的显著性检验（见表5-2）。对比分析东北-内蒙古地区、北疆-天山积雪区和青藏高原积雪区 19 个流域春季径流比重变化趋势，结果表明，春季径流比重下降趋势的流域比例为：东北-内蒙古积雪区（100%）＞北疆-天山积雪区（63%）＞青藏高原积雪区（57%）。

5.4 讨论与小结

5.4.1 讨论

环北极地区河流流域的径流量很大一部分由融雪补给，春季径流量与融雪过程密切相关。俄罗斯环北极地区的鄂毕河、叶尼塞河、勒拿河、科雷马河、北德维纳河和伯朝拉河 6 条河流春季径流均呈显著增加趋势；从年内分配看，春季径流占比有所增加，夏季径流占比减少。这一现象与环北极地区积雪消融密切相关。在我国新疆北部的克兰河、青藏高原地区的长江源区、东北-内蒙古地区的锡林河流域等均检测到河流春季径流呈增加趋势，并推测其增加趋势与流域融雪变化有关。然而，相关学者针对黄河源区对水文影响的研究则给出了相反的结论，该研究发现相比 20 世纪 80 年代前，80 年代后春季径流量表现为显著下降趋势，这主要与春季降雨/降雪和上一年冬季降雪影响相关。

积雪变化对春季径流量及径流的分配都可能具有较大影响。本研究发现三大积雪区 74% 的流域 3 月径流呈增加趋势（或基本无变化），且在 3 月径流呈上升趋势的 7 个流域中，有 6 个通过了显著性检验，而 4 月、5 月径流呈下降趋势的比例大于呈上升趋势的比例。这一结果可能是全球气候变暖导致融雪径流提前造成的。类似地，Chen 等（2018）对比分析了祁连山黑河上游和疏勒河上游 1985 年前后两个时期的平均日流量过程线，对比分析其春季径流变化，可以看出，气候变暖之后，黑河上游和疏勒河上游 3 月径流均呈增加趋势，5 月（下旬）径流均呈减少趋势。党素珍等（2006）研究发现，黑河上游春季径流量的大小主要取决于流域冬、春季积雪的积累量和春季气温上升率。为了进一步证实气温升高对融雪径流的影响，考虑到东北-内蒙古、北疆-天山和青藏高原等区域均在 1980—1990 年发生过气温突变，本书对比分析了我国三大积雪区 19 个流域 1985 年前后两时段春季的各月径流比重趋势变化（以 3 月和 5 月为例，见图 5-1）。春季的各月径流比重表明，与 1985 年以前相比，1985 年以后流域 3 月径流比重呈上升趋势的比例由 26% 提升至 84%，而流域 5 月径流比重呈减少趋势的比例由 37% 提升至 89%。这充分表明气候变暖导致融雪提前消融。

　　全球气候变暖背景下，以积雪融水为主要补给来源的流域径流量和季节特性受到积雪改变的显著影响，但也存在区域差异性。本研究中，4 月径流、5 月径流和春季径流呈下降趋势的流域比例均为东北-内蒙古积雪区>青藏高原积雪区>北疆-天山积雪区。表明在东北-内蒙古积雪区，4 月径流、5 月径流和春季径流均以减少趋势为主，这主要与气温升高、降雪量减少有关。而在北疆-天山积雪区，4 月径流、5 月径流和春季径流均以增加趋势为主，这主要是降水量的增加，致使降雪量增加及随后的融雪径流增加。类似地，相关学者定量评估了 1960—2010 年中国西北干旱区径流量对融雪期气候变化的敏感性，同样发现温度和降水的改变会导致融雪时间改变，造成融雪期开始时间发生显著

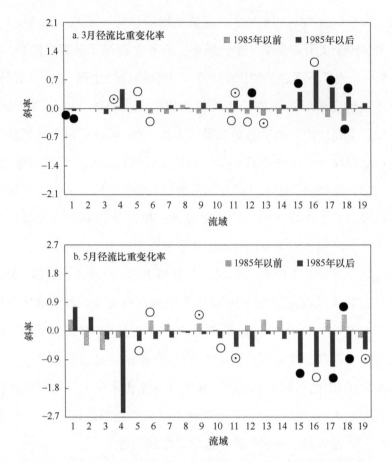

图 5-1　研究区流域 1985 年前后春季（3 月和 5 月）月径流比重对比

注：横坐标为流域代码（见表 2-1），○、⊙、●分别表示相关性统计分别通过了 $p<0.1$、$p<0.05$、$p<0.01$ 的显著性检验。

改变，表现为开始日期提前而结束日期推迟，且存在区域差异性，如在祁连山北部提前了 10.16 d，而天山南部融雪期开始的时间提前了约 20.01 d，并最终导致径流量的变化。此外，在天山南麓阿克苏地区，积雪变化对春季径流影响同样十分显著，具体表现为托什干河春季径流受前冬 11~20 cm 积雪的显著影响。类似地，张俊岚等（2009）同样以阿克苏河流域为例，研究了 1971—2005 年春季径流的变化及其原因，发现春季径流增加的原因主要是春季温度及前冬积雪，与罗继等学者得到的结论一致。类似地，在天山地区，研究人员发现由于冰川及积雪消融的改变，一些河流的夏季最大径流量已经发生了显著变化，表明如果降水和冰冻圈消融不能给流域补充水源的话，夏季径流将会进一步减小。

5.4.2 小结

本章基于三大积雪区 19 个流域的径流月数据，分析了春季各月径流、春季径流、春季径流比重、春季各月径流占比等指标，分析积雪变化背景下我国三大积雪区流域径流的变化趋势。主要结论如下。

过去 50 年以来，我国三大积雪区春季流域径流发生了显著变化，且存在明显的差异特征：① 3 月径流量呈增加趋势（或基本无变化）的流域比例为 74%；② 4 月径流量呈减少趋势的流域比例：东北-内蒙古积雪区（75%）＞青藏高原积雪区（71%）＞北疆-天山积雪区(38%)；③ 5 月径流量呈减少趋势的流域比例：东北-内蒙古积雪区（100%）＞青藏高原积雪区（57%）＞北疆-天山积雪区（25%）；④ 春季径流量呈增加趋势的流域比例：北疆-天山积雪区（63%）＞青藏高原积雪区（57%）＞东北-内蒙古积雪区（25%）；⑤ 春季径流比重（春季径流量占年径流量比重）呈减小趋势的流域比例：东北-内蒙古积雪区（100%）＞北疆-天山积雪区（63%）＞青藏高原积雪区（57%）；⑥ 1985 年后较 1985 年前，3 月径流比重呈现上升趋势的流域比例由 26% 提升到 84%，而 5 月径流比重呈下降趋势的流域比例由 37% 提升到 89%，表明积雪提前消融明显。总体来讲，春季径流量在天山、祁连山区以增加趋势为主，在东北、青藏高原腹地以减少趋势为主。

第 6 章

冷季雪深变化对流域春季径流的影响

积雪在全球水循环中占据着十分重要的地位，尤其是在北半球中纬度及中低纬度山地地区。比如，中国积雪融水占全国地表年径流的 13% 左右；在美国西部，积雪融水占总径流的比例为 75%；而在极地地区，积雪融水占春季和初夏季节水资源的比例高达 95%。可见，积雪水文研究在水资源利用和管理中具有重要作用。然而，过去几十年来，在全球气候变暖背景下，由于降水量及气温的变化，积雪的时空分布已经发生了明显改变，从而使流域融雪水文过程也发生了明显改变，比如，融雪径流提前、积雪期缩短等。同时，降雪向降雨转化可能导致流域径流系数减小，进而导致蒸发增加，径流整体减少，最终引起水文水资源过程改变。了解寒区积雪物理变换过程，对寒区积雪变化和水文过程的模拟研究非常重要。

中国寒区陆地面积为 $417.4 \times 10^4 \ km^2$，整体上，寒区范围与我国季节性积雪区、多年冻土区、冰川区边界基本一致，是中国主要大江、大河的发源地及半干旱区的主要地表水源，更是干旱区的水塔。寒区降水形式主要为降雪，降雪量占年降水量的比重很大，有的地方可达 80% 或者更多。中国稳定性积雪区面积使积雪覆盖面积在构成冰冻圈的所有要素中作用最大，是寒区水循环和水资源的重要组成部分。近年来，冰冻圈是中国高寒区的研究重点，如积雪水文过程、冰川水文过程、冻土水文过程、高寒地区降水时空分布格局，以及高寒区典型植被在流域水文循环中的作用及其与环境要素的相互关系，但是面临的主要限制因素是缺乏全面、同步的观测数据。

目前，国内关于中国整个冰冻圈积雪变化对春季径流的影响研究相对缺乏，因此，本书尝试对比分析流域春季径流对流域积雪变化的响应。

积雪深度是地面积雪最重要、最基本的特征之一，是反映积雪分布与变化的重要参数，也是表征气候环境特征、水资源条件不可缺少的指标。如估算雪水当量、研究地表辐射平衡、模拟春季融雪径流、评估淡水资源储量等。此外，积雪深度作为降雪量和降雪强度的重要指标，对气象灾害预警和气象服务有重要意义。如积雪深度可作为发生春季融雪型洪水的主要判定指标，积雪深度和积雪维持时间指标用于评估雪灾，积雪深度阈值可作为雪崩暴发的指标。综上所述，鉴于积雪深度指标可以有效地表征流域积雪的变化，本章选取并利用积雪深度指标分析探讨流域春季径流对流域积雪变化的响应。同时，综合文献和研究区气候特征，定义冷季为当年 11 月到翌年 3 月。本章尝试对比分析三大积雪区内 19 个流域冷季雪深变化与流域春季各月径流、春季径流及春季径流比重之间的关系，推测冷季雪深对流域径流的可能影响。

另外，考虑到本书所选部分流域内无气象观测台站，因此本章对流域冷季雪深变化对春季径流的影响研究，结合来源于中国西部环境与生态科学数据中心的被动微波遥感雪深数据，时间跨度为 1979—2016 年。在本章中，主要利用相关分析研究冷季雪深与春季各月径流（3 月径流、4 月径流、5 月径流）、春季径流及春季径流比重之间的关系。为了进一步证明这个观点，本章还构建了一个雪深径流指数，用于表征冷季雪深对春季月径流的贡献程度。

6.1 冷季雪深对流域春季月径流量的影响

本章选取了中国高寒区 19 个流域作为研究对象，19 个流域分布于中国东北-内蒙古、北疆-天山、青藏高原三大积雪区，以上区域分别代表高纬度低海拔区域、中纬度高海拔区域及低纬度高海拔区域（见图 2-1、表 2-1）。受寒区恶劣的自然环境及其他因素的影响，天山、祁连山流域源区内部积雪观测站点分布相对稀疏，尤其是天山，所选的 8 个流域源区内有 7 个没有国家气象观测点，且单个站点反映不了流域整体雪深。因此，本章节流域冷季雪深采用微波雪深数据，用流域冷季雪深来表征流域积雪的变化。

我国三大积雪区 19 个流域的冷季雪深与流域 3 月径流的相关性结果表明（见图 6-1）：在东北-内蒙古积雪区，有 3 个流域的 3 月径流与冷季雪深呈负相关，1 个流域的 3 月径流与冷季雪深呈正相关，且所有流域均未通过显著性检验。在青藏高原积雪区，3 个流域的 3 月径流与冷季雪深呈负相关，且均未通过显著性检验；4 个流域的 3 月径流与冷季雪深呈正相关，但仅有 1 个通过了 $p<0.05$ 的显著性检验。在北疆-天山积雪区，3 个流域的 3 月径流与冷季雪深呈负相关，且均未通过显著性检验；5 个流域的 3 月径流与冷季雪深呈正相关，仅有 1 个流域通过了 $p<0.05$ 的显著性检验。总体来看，三大积雪区内 89% 的流域 3 月径流与冷季雪深相关性差，未通过显著性检验（见表 6-1）。这也说明 3 月径流受冷季雪深影响较小。

我国三大积雪区 19 个流域冷季雪深与 4 月径流的相关性结果表明（见图 6-2、表 6-1）：冷季雪深与流域 4 月径流有较好的相关性（均为正相关），具体体现为 19 个流域中有 10 个流域相关性通过了显著性检验，其中，2 个流域通过了 $p<0.1$ 的显著性检验，6 个流域通过了 $p<0.05$ 的显著性检验，2 个流域通过了 $p<0.01$ 的显著性检验。从区域上来看，在东

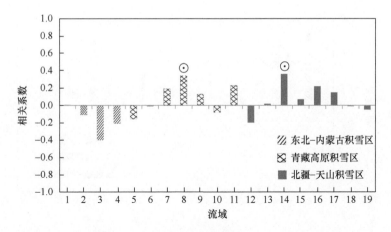

图 6-1　研究区流域冷季雪深与 3 月径流

注：横坐标为流域代码（见表 2-1），○、⊙、●分别表示相关性统计分别通过了 $p<0.1$、$p<0.05$、$p<0.01$ 的显著性检验。

北-内蒙古积雪区所选的 4 个（100%）流域 4 月径流与冷季雪深相关性通过了显著性检验；青藏高原积雪区和北疆-天山积雪区分别有 3 个（占比分别为 43% 和 38%）流域 4 月径流与冷季雪深相关性通过了显著性检验。以上结果表明，4 月径流受冷季雪深的影响较大，特别是在东北-内蒙古积雪区。

表 6-1　研究区流域积雪深度与径流相关性统计检验*

区域	显著性检验	冷季雪深与各指标相关性统计				
		3 月径流	4 月径流	5 月径流	春季径流	春季径流比重
三大积雪区	总数	2	10	11	13	8
	$p<0.01$	0	2	5	6	4
	$p<0.05$	2	6	4	4	3
	$p<0.1$	0	2	2	3	1

*注：表中数据表示通过显著性检验的站点数（单位：个）；春季径流比重指春季径流占年径流的比重。

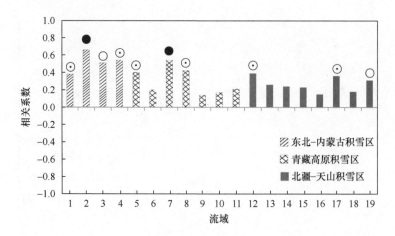

图6-2　研究区流域冷季雪深与4月径流

注：横坐标为流域代码（见表2-1），○、⊙、●分别表示相关性统计分别通过了$p<0.1$、$p<0.05$、$p<0.01$的显著性检验。

　　我国三大积雪区19个流域冷季雪深与5月径流的相关性结果表明（图6-3、表6-1）：冷季雪深与流域5月径流有较好的相关性（均为正相关），具体体现为19个流域中有11个流域相关性通过了显著性检验，其中，2个通过了$p<0.1$的显著性检验，4个通过了$p<0.05$的显著性检验，5个通过了$p<0.01$的显著性检验。从区域上来看，在青藏高原积雪区有5个（71%）流域5月径流与冷季雪深相关性通过了显著性检验；在东北-内蒙古积雪区和北疆-天山积雪区各有2个（50%）、4个（50%）流域5月径流与冷季雪深相关性通过了显著性检验。以上结果表明，5月径流受冷季雪深的影响较大，特别是在青藏高原地区。

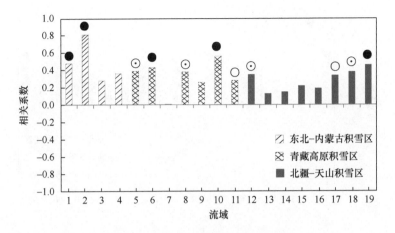

图 6-3 研究区流域冷季雪深与 5 月径流

注：横坐标为流域代码（见表 2-1），○、⊙、●分别表示相关性统计分别通过了 $p<0.1$、$p<0.05$、$p<0.01$ 的显著性检验。

6.2 冷季雪深对流域春季径流量的影响

我国三大积雪区 19 个流域冷季雪深与春季径流的相关性结果表明（见图 6-4、表 6-1）：冷季雪深与流域春季径流有较好的相关性（均为正相关），具体体现为 19 个流域中有 13 个流域相关性通过了显著性检验，其中，3 个通过了 $p<0.1$ 的显著性检验，4 个通过了 $p<0.05$ 的显著性检验，6 个通过了 $p<0.01$ 的显著性检验。

从区域上来讲，在青藏高原积雪区有 6 个（86%）流域 5 月径流与冷季雪深相关性通过了显著性检验；在东北-内蒙古积雪区有 3 个（75%）流域 5 月径流与冷季雪深相关性通过了显著性检验。在北疆-天山积雪区有 4 个（50%）流域 5 月径流与冷季雪深相关性通过了显著性检验。以上结果表明，春季径流受冷季雪深的影响较大，特别是在青藏高原积雪区。

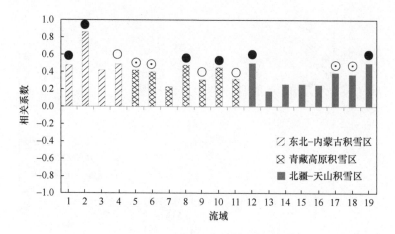

图6-4　研究区流域冷季雪深与春季径流

注：横坐标为流域代码（见表2-1），○、⊙、●分别表示相关性统计分别通过了 $p<0.1$、$p<0.05$、$p<0.01$ 的显著性检验。

6.3　冷季雪深对流域春季径流比重的影响

我国三大积雪区19个流域冷季雪深与春季径流比重相关性结果表明（见图6-5、表6-1）：19个流域中有8个流域冷季雪深与流域春季径流相关性通过了显著性检验，其中，1个通过了 $p<0.1$ 的显著性检验，3个通过了 $p<0.05$ 的显著性检验，4个通过了 $p<0.01$ 的显著性检验。从区域上来讲，在东北-内蒙古积雪区和北疆-天山积雪区分别有2个（50%）、4个（50%）流域春季径流比重与冷季雪深相关系数通过了显著性检验；但在青藏高原积雪区仅有2个（29%）流域春季径流比重与冷季雪深相关性通过了显著性检验。以上结果表明，冷季雪深对春季径流比重有一定的影响，其中，在青藏高原积雪区，冷季雪深对春季径流比重影响最小。

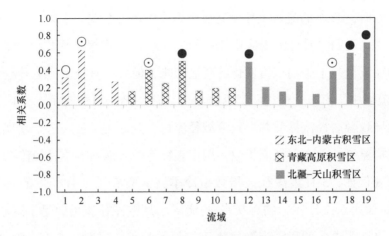

图 6-5　研究区流域冷季雪深与春季径流比重

注：横坐标为流域代码（见表 2.1），○、⊙、●分别表示相关性统计分别通
过了 $p<0.1$、$p<0.05$、$p<0.01$ 的显著性检验。

6.4　讨论与小结

6.4.1　讨论

积雪作为固体水库，主要表现为冬季积累、春夏消融。气温和降水
是影响积雪积累与消融最直接的因素，其中，降水直接决定了积雪的物
质来源。罗继和路学敏（2011）分析了 2004—2009 年天山南麓阿克苏
地区积雪变化对春季径流的影响，发现托什干河春季径流受前冬 11～
20 cm 积雪的显著影响。在美国，Woods 等（2014）发现以降雪为主的
降水比例增加会增加流域的径流量。相反，冬季积雪积累量的减少会导
致随后暖季积雪消融量的减少。类似地，在加利福尼亚州的内华达山脉
地区，雪水当量峰值降低 10% 会导致年平均最小径流量降低 9%～22%。

本研究表明，冷季雪深与流域 4 月径流、5 月径流指标有较好的相
关性，这表明各积雪区冷季雪深变化对流域 4 月径流、5 月径流影响较

大。然而，89% 的流域 3 月径流与冷季雪深相关性差，未通过显著性检验，这也说明 3 月径流受冷季雪深影响较小。尽管相关系数统计表明 3 月的径流量并未受到积雪变化的明显影响，但在 3 月径流呈上升趋势的 7 个流域中，有 6 个通过了显著性检验。这一结果可能暗示了全球气候变暖导致融雪径流提前并导致流域径流量上升。为了证实这个发现，本研究构建了一个雪深径流指数，用于表征冷季雪深对春季月径流的贡献程度（例如，5 月雪深径流指数指冷季雪深对春季 5 月径流的贡献程度）。如表 6-2 所示，约有 95% 的流域 5 月雪深径流指数呈下降趋势，这间接证明更多的积雪消融发生于较早的月份。同时，约有 74% 的流域 3 月雪深径流指数呈升高趋势，再次直接证明更多的积雪提前消融。类似地，相关学者发现 1948—2002 年，北美很多流域的融雪开始时间提前，融雪径流的集中期也明显提前。

此外，在天山南部地区，本研究发现冷季积雪深度与 3 月、4 月、5 月径流量及整个春季的径流量之间相关性均较差，这可能是天山山脉春季更多的积雪累积造成的。春季积雪深度与春季径流之间的高度相关性（平均相关系数为 0.42）证实了这一结果。

表 6-2　研究区流域雪深径流指数变化趋势

区域	3 月雪深径流指数		5 月雪深径流指数	
	增加	减少	增加	减少
三大积雪区	14 (5)	5 (0)	1 (0)	18 (6)
东北-内蒙古积雪区	3 (0)	1 (0)	0 (0)	4 (1)
北疆-天山积雪区	6 (3)	2 (0)	0 (0)	8 (4)
青藏高原积雪区	5 (2)	2 (0)	1 (0)	6 (1)

注：表中数据表示趋势变化个数和通过显著性检验的站点数（单位：个）；雪深径流指数指春季月径流量与冷季雪深比值。

6.4.2　小结

近 50 年来，我国三大积雪区的冷季雪深发生了显著变化。在此背景下，本章重点探讨了 19 个流域冷季雪深与反映积雪变化影响流域径流变化的 5 个指标之间的相关关系，主要结论如下。

冷季雪深变化对流域径流产生了重要的影响。① 冷季雪深与流域 4 月平均流量、5 月平均流量、春季平均流量、春季径流比重等均有较好的相关性，表明各积雪区冷季雪深变化对流域 4 月、5 月和春季平均流量以及春季径流比重等影响较大；② 研究区 89% 的流域 3 月平均流量与冷季雪深相关性差，未通过显著性检验，说明 3 月平均流量受冷季积雪深度总体影响较小；③ 通过构建雪深径流指数，用于表征冷季雪深对春季月径流的贡献程度，发现约 74% 的流域 3 月雪深径流指数呈上升趋势，而 95% 的流域 5 月雪深径流指数呈下降趋势，表明积雪提前消融明显。

第 7 章

积雪日数变化对流域春季径流的影响

积雪日数不仅是表征雪情的重要积雪参数，还是表征积雪气候环境特征与水资源条件的指标。如超过 60 天的积雪日数是判定该区域是否为稳定积雪区的指标；连续积雪日数及积雪深度可作为衡量雪灾的气象因素指标，定义并划分雪灾等级。在全球变暖的大背景下，积雪日数的缩短以及消融期提前都将会导致消融前期融雪径流的显著增加和春季融水洪峰提前。此外，积雪日数可以直接影响积雪储量及现代冰川的发育和维持，进而调节周边及下游江河湖泊的径流量，同时，积雪日数也会改变区域地-气系统的能量交换过程，对辐射和能量平衡也有深刻的影响。

国内外积雪时空分布研究关注的积雪指标主要包括积雪日数、积雪深度、积雪范围以及雪水当量，其中以积雪日数和积雪深度的研究最多。但目前，国内外关于积雪日数的研究大多以积雪参数时空变化特征分析为主，对流域内积雪日数变化对春季径流的影响研究很少，而关于中国整个冰冻圈积雪日数变化对春季径流的影响研究更是缺乏。本章尝试对比分析三大积雪区内 19 个流域积雪日数变化与流域春季各月径流、春季径流及春季径流比重之间的关系，推测积雪日数对流域径流的可能影响。

与冷季雪深情况一样，考虑到本书所选部分流域内无气象观测台站，因此，本章对流域积雪日数变化对春季径流的影响研究，也结合来源于中国西部环境与生态科学数据中心的被动微波遥感雪深数据，并在 Matlab 软件中处理为可用的积雪日数数据格式，时间跨度同样为 1979 至 2016 年。在本章中，主要利用相关分析研究积雪日数与春季各月径流（3 月径流、4 月径流、5 月径流）、春季径流及春季径流比重之间的关系。为了进一步证明这个观点，本章还构建了一个积雪日数径流指数，用于表征积雪日数对春季月径流的贡献程度。

7.1　积雪日数对流域春季月平均流量的影响

受寒区恶劣的自然环境及其他因素的影响，天山、祁连山流域源区内部积雪观测站点分布相对稀疏，尤其是天山，所选的 8 个流域源区内有 7 条流域没有国家气象观测点。因此，本章结合地面台站逐日积雪深度观测数据及经由气象台站校正的微波遥感雪深数据，分析积雪日数对春季径流的影响。原则上是，如果源区内有国家气象观测站点，则用站点数据；否则，用微波遥感雪深数据。微波遥感雪深数据通过车涛在 Chang 算法基础上针对中国地区修正的算法进行雪深反演，且基于大量地面实测资料校准，总体精度平均达到 86.4%，最高精度达到 95.5%，是目前最权威的雪深数据之一。

我国三大积雪区 19 个流域的积雪日数与流域 3 月径流的相关性结果表明（见图 7-1）：在东北-内蒙古积雪区有 3 个流域的 3 月径流与积雪日数呈负相关，1 个流域的 3 月径流与积雪日数呈正相关，且所有河流均未通过显著性检验。在青藏高原积雪区，有 2 个流域 3 月径流与积雪日数呈负相关，5 个流域 3 月径流与积雪日数呈正相关，且均未通过显著性检验。在北疆-天山积雪区有 3 个流域 3 月径流与积雪日数呈负相关，且均未通过显著性检验；5 个流域 3 月径流与积雪日数呈正相关，仅有 2 个通过了 $p<0.05$ 的显著性检验。总体来看，三大积雪区内 89%的流域 3 月径流与积雪日数相关性差，未通过显著性检验（见表 7-1）。这也说明 3 月径流受积雪日数影响较小。

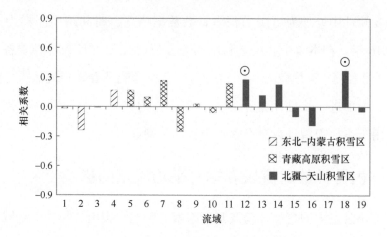

图 7-1　研究区流域积雪日数与 3 月径流

注：横坐标为流域代码（见表 2-1），〇、⊙、●分别表示相关性统计分别通过了 $p<0.1$、$p<0.05$、$p<0.01$ 的显著性检验。

表 7-1　研究区流域积雪日数与径流相关性统计检验 *

区域	显著性检验	积雪日数与各指标相关性统计				
		3 月径流	4 月径流	5 月径流	春季径流	春季径流比重
三大积雪区	总数	2	5	13	12	10
	$p<0.01$	0	1	5	4	3
	$p<0.05$	2	4	6	5	5
	$p<0.1$	0	0	2	3	2

*注：表中数据表示通过显著性检验的站点数（单位：个）；春季径流比重指春季径流占年径流的比重。

我国三大积雪区 19 个流域的积雪日数与 4 月径流相关性结果表明（见图 7-2、表 7-1）：19 个流域中有 5 个流域的积雪日数与 4 月径流相关性通过了显著性检验，其中，4 个通过了 $p<0.05$ 的显著性检验，1 个通过了 $p<0.01$ 的显著性检验。从区域上来讲，在青藏高原积雪区有 4 个（57%）流域积雪日数与 4 月径流相关性通过了显著性检验；在东北-内蒙古积雪区仅有 1 个（25%）流域积雪日数与 4 月径流相关性通过了显著性检验；北疆-天山积雪区流域积雪日数与 4 月径流相关性均没有通过显著性检验。以上结果表明，积雪日数对青藏高原积雪区、东北-内蒙古积雪区 4 月径流有一定的影响。

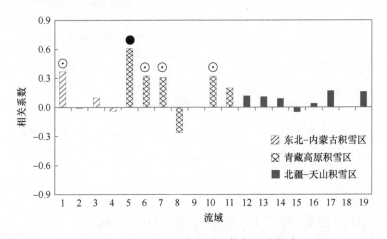

图 7-2　研究区流域积雪日数与 4 月径流

注：横坐标为流域代码（见表 2-1），〇、⊙、●分别表示相关性统计分别通过了 $p<0.1$、$p<0.05$、$p<0.01$ 的显著性检验。

我国三大积雪区 19 个流域的积雪日数与 5 月径流的相关性结果表明（见图 7-3、表 7-1）：积雪日数与流域 5 月径流有较好的相关性，具体体现为 19 个流域中有 13 个流域的相关性通过了显著性检验，其中，2 个通过了 $p<0.1$ 的显著性检验，6 个通过了 $p<0.05$ 的显著性检验，5 个通过了 $p<0.01$ 的显著性检验。从区域上来讲，在东北-内蒙古积雪区有 3 个（75%）流域的积雪日数与 5 月径流相关性通过了显著性检验；在青藏高原积雪区有 5 个（71%）流域的积雪日数与 5 月径流相关性通过了显著性检验；在北疆-天山积雪区有 5 个（63%）流域的积

雪日数与 5 月径流相关性通过了显著性检验。以上结果表明，三大积雪区 5 月径流受积雪日数的影响较大。

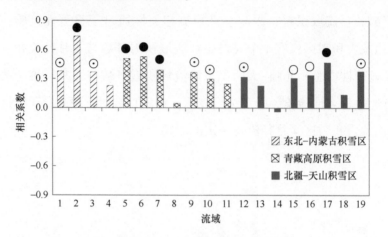

图 7-3　研究区流域积雪日数与 5 月径流

注：横坐标为流域代码（见表 2-1），○、⊙、●分别表示相关性统计分别通过了 $p<0.1$、$p<0.05$、$p<0.01$ 的显著性检验。

7.2　积雪日数对流域春季径流量的影响

我国三大积雪区 19 个流域积雪日数与春季径流的相关性结果表明（见图 7-4、表 7-1）：积雪日数与流域春季径流有较好的相关性，具体体现为 19 个流域中有 12 个流域相关性通过了显著性检验，其中，3 个通过了 $p<0.1$ 的显著性检验，5 个通过了 $p<0.05$ 的显著性检验，4 个通过了 $p<0.01$ 的显著性检验。从区域上来讲，在青藏高原积雪区有 6 个（86%）流域积雪日数与春季径流相关性通过了显著性检验；在东北-内蒙古积雪区有 3 个（75%）流域积雪日数与春季径流相关性通过了显著性检验；在北疆-天山积雪区有 3 个（38%）流域积雪日数与 5 月径流相关性通过了显著性检验。以上结果表明，春季径流受积雪日数的影响较大，特别是在青藏高原积雪区和东北-内蒙古积雪区。

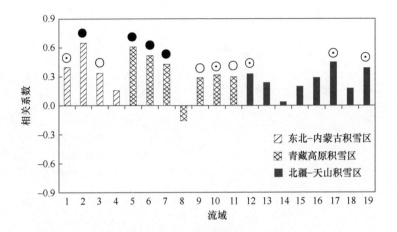

图 7-4　研究区流域积雪日数与春季径流

注：横坐标为流域代码（见表 2-1），○、⊙、●分别表示相关性统计分别通过了 $p<0.1$、$p<0.05$、$p<0.01$ 的显著性检验。

7.3　积雪日数对流域春季径流比重的影响

我国三大积雪区 19 个流域积雪日数与春季径流比重相关性结果表明（见图 7-5、表 7-1）：积雪日数与流域春季径流比重相关性较好，具体体现为 19 个流域中有 10 个流域的相关性通过了显著性检验，其中，2 个通过了 $p<0.1$ 的显著性检验，5 个通过了 $p<0.05$ 的显著性检验，3 个通过了 $p<0.01$ 的显著性检验。从区域上来讲，在青藏高原积雪区有 5 个（71%）流域的积雪日数与春季径流比重相关性通过了显著性检验；在东北-内蒙古积雪区有 2 个（50%）流域的积雪日数与春季径流比重相关性通过了显著性检验；在北疆-天山积雪区有 3 个（38%）流域的积雪日数与春季径流比重相关性通过了显著性检验。以上结果表明，春季径流比重受积雪日数的影响较大，特别是在青藏高原积雪区。

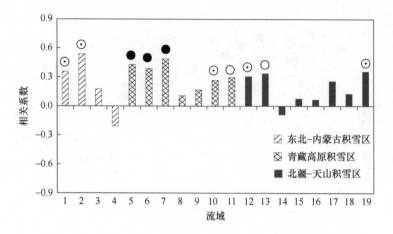

图 7-5   研究区流域积雪日数与春季径流比重

注：横坐标为流域代码（见表 2-1），○、⊙、●表示相关性统计分别通过了 $p<0.1$、$p<0.05$、$p<0.01$ 的显著性检验。

7.4   讨论与小结

7.4.1   讨论

积雪日数与降水量呈正相关，与气温呈负相关。积雪初日和积雪终日对气温变化较为敏感。刘天龙等（2008）在研究叶尔羌河源流区气候暖湿化与径流的响应时提到，积雪日数与年径流量的相关系数很小，主要原因为冰川消融量对叶尔羌河的补给量比例较大，而融雪水补给量比例小。目前，关于流域尺度积雪日数对春季径流影响的研究相对缺乏，本章尝试建立与分析积雪日数与径流之间的关系，结果表明，积雪日数与流域 5 月径流指标有较好的相关性，说明各积雪区积雪日数变化对 5 月径流影响较大。然而，89% 的流域 3 月径流与积雪日数相关性差，未通过显著性检验，这也说明 3 月径流受积雪日数影响较小。

积雪日期的变化对径流的影响，主要体现在全球变暖背景下流域径流年内分配的变化。在全球变暖环境下，以积雪融水为主要补给来源的流域径流量和季节特性受到积雪改变的显著影响。比如，积雪期缩短，融雪径流提前等。此外，降雪向降雨转化可能会降低流域径流系数，从而致使蒸发量增加，使径流量减少，最终引起水文水资源过程改变。前文中春季的各月占比径流指标以及构建的雪深径流指数均表明或暗示了全球气候变暖导致融雪径流提前。为了进一步证明这个观点，本章构建了一个积雪日数径流指数，用于表征积雪日数对春季月径流的贡献程度（例如，5 月积雪日数径流指数指积雪日数对春季 5 月径流的贡献程度）。积雪日数径流指数研究表明（见表 7-2），74% 的流域 5 月积雪日数径流指数呈下降趋势，这间接证明更多的积雪消融发生于较早的月份。同时，大约 79% 的流域 3 月积雪日数径流指数呈升高趋势，再次直接证明更多的积雪提前消融，但各地提前幅度有所差异。例如，美国的科罗拉多州融雪期 1978—2007 年提前了 2～3 周；而在中国的江河源区，融雪期大约提前了 10 d。

表 7-2　研究区积雪日数径流指数变化趋势

区域	3 月积雪日数径流指数		5 月积雪日数径流指数	
	增加	减少	增加	减少
三大积雪区	15 (5)	4 (0)	5 (0)	14 (6)
东北-内蒙古积雪区	4 (1)	0 (0)	1 (0)	3 (2)
北疆-天山积雪区	6 (3)	2 (0)	1 (0)	7 (5)
青藏高原积雪区	5 (1)	2 (0)	3 (1)	4 (2)

注：表中数据表示趋势变化个数和通过显著性检验的站点数（单位：个）；积雪日数径流指数指春季月径流量与积雪日数比值。

7.4.2　小结

近 50 年来，我国三大积雪区的积雪日数发生了显著变化。在此背景下，本章重点探讨了 19 个流域积雪日数与反映积雪变化影响流域径流变化的 5 个指标之间的相关关系，主要结论如下。

积雪日数变化对流域径流产生了重要的影响。① 积雪日数与流域 5 月平均流量、春季平均流量、春季径流比重具有较好的相关性，表明各积雪区积雪日数变化对流域 5 月平均流量、春季平均流量及春季径流比重影响较大；② 89%的流域 3 月平均流量与积雪日数相关性差，未通过显著性检验，说明 3 月平均流量受积雪日数的影响较小；③ 通过构建积雪日数径流指数（用于表征积雪日数对春季月径流的贡献程度），发现约 79%的流域 3 月积雪日数径流指数呈增加趋势，而 74%的流域 5 月积雪日数径流指数呈下降趋势，表明积雪提前消融明显。

第 8 章

积雪变化对春季径流影响的时空差异性及原因

全球变暖背景下，我国三大积雪区 19 个流域的径流发生了显著变化。本书第 5 章基于三大积雪区 19 个流域的径流月数据，选取了春季各月径流、春季径流、春季径流比重、春季各月径流占比指标，分析积雪变化背景下我国三大积雪区流域径流的变化趋势。本书第 6 章有关冷季雪深与流域径流的统计结果以及本书第 7 章积雪日数与流域径流的统计表明，流域径流的变化与积雪变化密切相关。为了进一步证明这个观点，第 6 章和第 7 章分别构建了雪深径流指数（用于表征冷季雪深对春季月径流的贡献程度）与积雪日数径流指数（用于表征积雪日数对春季月径流的贡献程度）。积雪变化已经引起了我国三大积雪区多数寒区流域的径流发生相应的变化，但这种影响还存在着明显的区域差异。本章主要探讨寒区流域径流对积雪变化响应的区域差异及原因。

8.1　时空差异性特征

8.1.1　空间差异性

过去 50 年来，我国三大积雪区流域径流发生了显著变化，且存在明显的差异性（见第 5 章）。4 月径流量、5 月径流量、春季径流量呈减少趋势的流域比例均为东北–内蒙古积雪区>青藏高原积雪区>北疆–天山积雪区；其中，5 月径流的区域差异最为明显，5 月径流呈增加趋势的流域在北疆–天山积雪区比例高达 75%；而东北–内蒙古积雪区几乎没有流域呈增加趋势。总体来看，春季径流量在天山、祁连山以增加趋势为主，在东北、青藏高原腹地等以减少趋势为主。

8.1.2　时间差异性

从不同月份差异来讲，3 月雪深径流指数以增加趋势为主、5 月雪深径流指数以减少趋势为主；3 月积雪日数径流指数以增加趋势为主、5 月积雪日数径流指数以减少趋势为主；3 月径流比重以增加趋势为主，5 月径流比重以减少趋势为主。

8.2　差异性原因

从空间上来看，春季径流量在天山、祁连山以增加趋势为主，在东北、青藏高原腹地等以减少趋势为主。这主要是由降水和温度的不同组合引起的。一般来讲，降雪量增加，会导致积雪深度与融雪径流量增加。而气温上升，会导致降雪形式的降水比例下降，并且导致冷季融雪量增加，最终导致冷季雪深减小以及随后的春季融雪径流量减少。然而，降水与气温的不同组合使研究区内的情况复杂化。在中国东北，冬季降水量没有明显增减，而冬季气温显著上升，增温使冷季融雪增加，可供春季消融的物质来源减少，最终导致东北地区冷季雪深减小以及翌年的春季径流量也呈减少趋势。而在中国西部的高海拔山区，冬季气温与冬季降水量均显著增加。总的来说，雪线以上区域的雪深不仅没有随着气候变暖减小，反而因山区降水量的增加而呈增加趋势，从而导致流域平均雪深增大。这表明降水增加超过了气温升高对这些寒冷地区的影响。在高海拔地区也发现了类似现象，尽管全球气候变暖，但冬季降水增多，致使冷季雪深呈上升趋势。Essery 等（1997）揭示了高纬度地区以及中纬度高海拔地区的降雪呈增加趋势。类似地，Brown 等（2000）研究表明，降水量的增加足够抵消温度上升的影响（降水量增加 2% 足以抵消大规模积雪范围变暖的影响）。

气温和降水不同组合引起积雪变化，导致春季径流的不同响应。在北半球也发现了类似的现象。Liu 等（2019）总结了北半球融雪径流的变化趋势，北半球冰冻圈中的较高海拔和较高纬度流域的融雪径流呈增加趋势，其他地区则主要为减少趋势。

从时间上来讲，雪深径流指数和积雪日数径流指数结果表明，3 月雪深径流指数、3 月积雪日数径流指数以增加趋势为主，5 月雪深径流指数、5 月积雪日数径流指数以下降趋势为主。这是随着气温升高，融雪期明显提前，以至消融早期（如 3 月）的融雪径流明显增加；且由于积雪提前大量融化，后期（如 5 月）相应融雪径流减少。在本书的第 5.4.1 节中，为了证实气温升高对融雪径流的影响，对比分析了我国三大积雪区 19 个流域温升前后的两个时段中，春季各月径流比重的变化趋势。春季各月占比径流指标表明，温升年后较温升年前，流域 3 月占比径流指数呈上升趋势的比例由 32% 提升至 84%，而流域 5 月占比径流指数呈减少趋势的比例由 37% 提升至 89%。类似地，与 20 世纪 90 年代以前相比，20 世纪 90 年代以来以积雪融水补给的中国天山北坡的克兰河流域，由于融雪径流期的提前，径流量最大月由 6 月提前到 5 月。1948—2002 年北美很多河流的融雪开始时间提前，融雪径流的集中期也明显提前。

本书从宏观角度探讨了积雪变化背景下，我国积雪区流域区域尺度上径流的时空差异性原因，得到一些初步认识。总的来说，气温和降水是影响积雪积累与消融最直接的因素。但是就某一地区来讲，影响积雪的积累与消融是多方面的，海拔、地表植被状况、坡度和坡向及风等也可影响积雪的积累和消融过程。例如，人工调查祁连山排露沟流域2003—2007年积雪深度逐日变化量和积雪盖度变化表明，不同植被地表的积雪消融速率为草地 > 林缘 > 灌木林 > 乔木林；不同坡向的云杉林积雪消融速率为：半阳坡 > 半阴坡 > 阴坡。

8.3 小结

我国三大积雪区流域径流对积雪变化的响应存在明显的时空差异特征。① 从空间上来讲，春季径流量在天山、祁连山以增加趋势为主，在东北、青藏高原腹地等以减少趋势为主。这主要是由降水和气温的不同组合引起的。一般来讲，降雪量增加，会导致积雪深度与融雪径流量增加。而气温上升，会导致降雪形式的降水比例下降，并且导致冷季融雪量增加，最终导致冷季雪深减小以及随后的春季融雪径流量减少。然而，降水与气温的不同组合使研究区内的情况复杂化。在中国东北，冬季降水量没有明显增减，而冬季气温显著上升，最终导致东北地区冷季雪深减小以及翌年的春季径流量也呈减少趋势。而在中国西部的高海拔山区，冬季气温与冬季降水量均显著增加，雪线以上区域的雪深不仅没有随着气候变暖减小，反而因山区降水量的增加而呈增加趋势，从而导致流域平均雪深增大。这表明降水增加超过了气温升高对这些寒冷地区的影响。② 从不同月份差异来看，3月雪深径流指数、3月积雪日数径流指数、3月径流比重均以增加趋势为主；5月雪深径流指数、5月积雪日数径流指数、5月径流比重则均以减少趋势为主。这说明随着气温升高，融雪期明显提前，致使消融早期的融雪径流量增加；因积雪提前大量融化，融雪后期相应融雪径流量就减少。

第 9 章

结论与展望

9.1 主要结论

积雪是影响中国冰冻圈河源区水文过程最重要的因素之一，鉴于该地区目前尚缺少积雪变化与春季径流系统研究，本书基于地面台站逐日积雪深度观测数据，同时结合经由气象台站校正的微波遥感雪深数据、水文观测资料，分别选取位于高纬度低海拔区域（东北-内蒙古积雪区）、中高纬山地积雪区（北疆-天山积雪区）和中低纬高海拔区域（青藏高原积雪区）的 19 个典型流域，对气候变暖背景下积雪变化特征及其对过去 50 年我国这三大积雪区流域春季径流的影响进行全面分析和评估。主要结论如下。

（1）过去 50 年来，我国三大积雪区的积雪情况整体上发生了显著变化：积雪初日推迟率 1.2 d/10 a（$p < 0.05$），积雪终日提前率 1.4 d/10 a（$p < 0.01$），积雪期缩短率 2.5 d/10 a（$p < 0.01$），冷季雪深增长率 0.5 cm/10 a（$p < 0.01$）。1960—2016 年，北疆-天山积雪区、东北-内蒙古积雪区、青藏高原积雪区积雪初日平均推迟率分别为 1.3 d/10 a（$p < 0.05$）、0.7 d/10 a 和 2.1 d/10 a（$p < 0.01$）；积雪终日平均提前率分别为 0.5 d/10 a（$p < 0.1$）、1.1 d/10 a 和 2.9 d/10 a

（$p<0.01$）；积雪期平均缩短率分别为 1.5 d/10 a （$p<0.1$）、1.9 d/10 a（$p<0.05$）和 5.2 d/10 a （$p<0.01$）；冷季雪深平均增长率分别为 0.8 cm/10 a（$p<0.01$）、0.6 cm/10 a（$p<0.01$）和 0.1 cm/10 a（$p<0.05$）。积雪日数在青藏高原积雪区略有缩短趋势（0.1 d/10 a），在北疆-天山积雪区、东北-内蒙古积地区均呈显著增加趋势（$p<0.1$），增长率分别为1.5 d/10 a、2.8 d/10 a。

（2）过去 50 年来，我国三大积雪区春季流域径流发生了显著变化，且存在明显的差异特征：① 3 月径流量呈增加趋势（或基本无变化）的流域比例为74%；② 4 月径流量呈减少趋势的流域比例：东北-内蒙古积雪区（75%）＞青藏高原积雪区（71%）＞北疆-天山积雪区（38%）；③ 5 月径流量呈减少趋势的流域比例：东北-内蒙古积雪区（100%）＞青藏高原积雪区（57%）＞北疆-天山积雪区（25%）；④ 春季（3 月至 5 月）径流量呈增加趋势的流域比例：北疆-天山积雪区（63%）＞青藏高原积雪区（57%）＞东北-内蒙古积地区（25%）；⑤ 春季径流比重（春季径流量占年径流量的比重）呈减小趋势的流域比例：东北-内蒙古积雪区（100%）＞北疆-天山积雪区（63%）＞青藏高原积雪区（57%）；⑥1985 年后较 1985 年前，3 月径流比重呈上升趋势的流域比例由 26% 提升到84%，而 5 月径流比重呈下降趋势的流域比例由 37% 提升到89%，表明积雪提前消融明显。总体来讲，春季径流量在天山、祁连山区以增加趋势为主，在东北、青藏高原腹地以减少趋势为主。

（3）冷季雪深变化对流域径流的影响：① 冷季雪深与流域 4 月平均流量、5 月平均流量、春季平均流量、春季径流比重等均有较好的相关性，表明各积雪区冷季雪深变化对以上各指标影响均较大；② 89% 的流域 3 月平均流量与冷季雪深相关性不显著，表明 3 月平均流量受冷季雪深影响较小；③ 通过构建雪深径流指数（春季月径流量与冷季雪深比值，用于表征冷季雪深对春季月径流的贡献程度），发现约 74% 的流域 3 月雪深径流指数呈上升趋势，而 95% 的流域 5 月雪深径流指数呈下降趋势，表明积雪提前消融明显。

（4）积雪日数变化对流域径流的影响：① 积雪日数与流域 5 月平均流量、春季平均流量、春季径流比重具有较好的相关性，表明各积雪区积雪日数变化对以上各指标影响均较大；② 89% 的流域 3 月平均流量与积雪日数相关性不显著，表明 3 月平均流量受积雪日数影响较小；③ 通过构建积雪日数径流指数（春季月径流量与积雪日数比值，用于表征积雪日数对春季月径流的贡献程度），发现约 79% 的流域 3 月积雪日数径流指数呈增加趋势，而 74% 的流域 5 月积雪日数径流指数呈下降趋势，表明积雪提前消融明显。

（5）我国三大积雪区流域径流对积雪变化的响应存在明显的时空差异性：① 从区域上来讲，春季径流量在天山、祁连山以增加趋势为主，在东北、青藏高原腹地等以减少趋势为主。在中国东北，冬季降水量没有明显增减，而冬季气温显著上升，最终导致东北地区冷季雪深减小以及翌年的春季径流量也呈减少趋势。而在中国西部的高海拔山区，冬季气温与冬季降水量均显著增加，雪线以上区域雪深不仅没有随着气候变暖而减小，反而因山区降水量的增加而呈增加趋势，从而导致流域平均雪深增大。表明降水增加超过了气温升高对这些寒冷地区的影响。② 从不同月份差异来看，3 月雪深径流指数、3 月积雪日数径流指数、3 月径流比重均以增加趋势为主，5 月雪深径流指数、5 月积雪日数径流指数、5 月径流比重则以减少趋势为主。这说明随着气温升高，融雪期明显提前，致使消融早期的融雪径流量增加；因积雪提前大量融化，融雪后期融雪径流量就会相应减少。

9.2　问题与展望

本书首次全面分析和评估了积雪深度与积雪日数对春季径流的影

响，丰富了对积雪变化与径流关系的认识，为进一步精确模拟预估积雪区水资源提供科学参考。同时，本书探讨了气候变暖背景下积雪变化对我国积雪区流域区域尺度上径流差异的原因，为研究区水资源合理利用和春汛预警提供理论支撑。本研究极大地推进了积雪水文过程的研究进展，对山区融雪洪水预报具有重要意义。然而，尽管本书应用了多个指标，从多角度全面分析了积雪变化对流域径流的影响程度及差异原因，但各积雪区面积广泛，各种气候条件、水文地质环境及土地覆盖等存在巨大差异。积雪变化对流域春季径流的影响较为复杂，目前相关研究还处于初级阶段，其影响过程和影响机理仍需进一步研究。下一步，应在以下几个方面进行提高。

（1）在中国三大积雪区内增添补充流域。我国积雪分布广泛，本书主要分析了 19 个流域积雪变化对流域径流的影响，获取了一些初步规律。在今后的研究当中，应补充更多流域，扩展已有成果的对比研究，将结论不断完善。

（2）扩展研究范围至北半球。全球约有 98% 的积雪位于北半球，未来的研究工作中，应扩大研究范围，研究欧亚大陆或整个北半球典型流域积雪变化对流域径流的影响。总结区域规律，为未来积雪水文模拟和水资源预估提供更加有价值的参考。

（3）开展模型模拟研究。目前，本书仅认为 3—5 月径流受融雪影响，但具体的融雪径流比重仍待研究，还存在与地下水、冻土融水、冰川融水没有区分等问题。因此，下一步需要开展大范围、多流域的融雪径流模拟研究。

（4）流域融雪径流预估。随着全球气候变化，我国三大积雪区气温及降水正在发生差异性变化。未来三大积雪区变化及其融雪水资源势必影响区域水资源利用及管理，因此有必要借助模型等手段对研究区积雪及其融水径流进行预估。参照不同气候模式，分别评价不同气候情景下（表示为典型浓度路径，Representative Concentration Pathways，RCP）积雪融水及其对区域水资源的影响，并进一步结合社会经济情景（表示为共享社会路径，Shared Socioeconomic Pathways，SSPs）评价未来积雪变化对区域社会经济的影响，为中长期水资源利用及管理提供科学依据。

参考文献

安迪，李栋梁，袁云，等．基于不同积雪日定义的积雪资料比较分析［J］．冰川冻土，
　　2009，31（6）：1019-1027．

白东明，李卫红，郝兴明，等．新疆呼图壁河流域径流时序变化特征［J］．中国水土保
　　持科学，2007，5（3）：19-23．

白路遥，荣艳淑．气候变化对长江、黄河源区水资源的影响［J］．水资源保护，2012，
　　28（1）：47-50．

白淑英，史建桥，沈渭寿，等．卫星遥感西藏高原积雪时空变化及影响因子分析［J］.
　　遥感技术与应用，2014，29（6）：954-962．

班春广，徐宗学，苟娇娇，等．1973—2015年年楚河上游流域径流变化趋势及驱动因素
　　分析［J］.北京师范大学学报（自然科学版），2019，55（6）：748-754．

保云涛，游庆龙，谢欣汝．青藏高原积雪时空变化特征及年际异常成因［J］.高原气
　　象，2018，37（4）：899-910．

宾婵佳，邱玉宝，石利娟，等．我国主要积雪区AMSR-E被动微波雪深算法对比验证
　　研究［J］.冰川冻土，2013，35（4）：801-813．

蔡迪花，郭铌，王兴，等．基于MODIS的祁连山区积雪时空变化特征［J］.冰川冻土，
　　2009，31（6）：1028-1036．

曹泊，潘保田，高红山，等．1972—2007年祁连山东段冷龙岭现代冰川变化研究［J］.
　　冰川冻土，2010，32（2）：242-248．

曹建廷，秦大河，康尔泗，等．青藏高原外流区主要河流的径流变化［J］.科学通报，

2005（21）：2403-2408.

曹建廷，秦大河，罗勇，等. 长江源区 1956—2000 年径流量变化分析 [J]. 水科学进展，2007（1）：29-33.

常姝婷，刘玉芝，华珊，等. 全球变暖背景下青藏高原夏季大气中水汽含量的变化特征 [J]. 高原气象，2019，38（2）：227-236.

车涛，郝晓华，戴礼云，等. 青藏高原积雪变化及其影响 [J]. 中国科学院院刊，2019，34（11）：1247-1253.

车涛，李新. 利用被动微波遥感数据反演我国积雪深度及其精度评价 [J]. 遥感技术与应用，2004，19（5）：301-306.

车宗玺，金铭，张学龙，等. 祁连山不同植被类型对积雪消融的影响 [J]. 冰川冻土，2008，30（3）：392-397.

陈爱京，肖继东，杨志华. 阿勒泰地区冬季积雪变化及其与气温及降水的关系 [J]. 现代农业科技，2019（19）：187-190.

陈鹤，车涛，戴礼云. 基于 FY-MWRI 的中国西部被动微波积雪判识算法 [J]. 遥感技术与应用，2018，33（6）：1037-1045.

陈敏，高璐，曹永强. 2001—2014 年阿克苏河流域山区积雪时空变化分析 [J]. 水力发电学报，2016，35（9）：28-37.

陈仁升，康尔泗，杨建平，等. 内陆河流域分布式日出山径流模型——以黑河干流山区流域为例 [J]. 地球科学进展，2003，18（2）：198-206.

陈文倩，丁建丽，马勇刚，等. 亚洲中部干旱区积雪时空变异遥感分析 [J]. 水科学进展，2018，29（1）：11-19.

陈晓娜，包安明. 天山北坡典型内陆河流域积雪年内分配与年际变化研究——以玛纳斯河流域为例 [J]. 干旱区资源与环境，2011，25（6）：154-160.

陈亚宁，崔旺诚，李卫红，等. 塔里木河的水资源利用与生态保护 [J]. 地理学报，2003，58（2）：215-222.

除多，达珍，拉巴卓玛. 西藏高原积雪覆盖空间分布及地形影响 [J]. 地球信息科学学报，2017，19（5）：635-645.

除多，拉巴卓玛，拉巴，等. 珠峰地区积雪变化与气候变化的关系 [J]. 高原气象，2011，30（3）：576-582.

除多, 洛桑曲珍, 林志强, 等. 近30年青藏高原雪深时空变化特征分析 [J]. 气象, 2018, 44 (2): 233-243.

旦增, 格桑卓玛, 索南才吉. 欧亚大陆冬、春积雪的时空变化特征分析 [J]. 西藏科技, 2019 (1): 53-58.

邓海军, 陈亚宁. 中亚天山山区冰雪变化及其对区域水资源的影响 [J]. 地理学报, 2018, 73 (7): 1309-1323.

丁炜, 高子恒. 2000—2017年西藏佩枯错流域积雪变化及其对湖泊的影响 [J]. 安徽农业科学, 2020, 48 (8): 60-65.

丁永建, 秦大河. 冰冻圈变化与全球变暖: 我国面临的影响与挑战 [J]. 中国基础科学, 2009, 11 (3): 4-10.

丁永建, 张世强, 陈仁升. 寒区水文导论 [M]. 北京: 科学出版社, 2017.

丁永健, 叶佰生, 周文娟. 黑河流域过去40a来降水时空分布特征 [J]. 冰川冻土, 1999, 21 (1): 198-206.

董李勤, 章光新, 张昆. 嫩江流域湿地生态需水量分析与预估 [J]. 生态学报, 2015, 35 (18): 6165-6172.

窦燕, 陈曦, 包安明, 等. 2000—2006年中国天山山区积雪时空分布特征研究 [J]. 冰川冻土, 2010, 32 (1): 28-34.

段成伟, 李希来, 柴瑜, 等. 不同修复措施对黄河源退化高寒草甸植物群落与土壤养分的影响 [J]. 生态学报, 2022, 42 (18): 7652-7662.

杜军, 石磊, 次旺顿珠. 1971—2017年羌塘自然保护区积雪对气候变化的响应 [J]. 中国农学通报, 2019, 35 (25): 130-138.

房佳辰. 长江源区沼泽草甸优势物种抗氧化特性对模拟增温与氮添加的响应 [D]. 兰州: 兰州交通大学, 2022.

傅丽昕, 陈亚宁, 李卫红, 等. 近50a来塔里木河源流区年径流量的持续性和趋势性统计特征分析 [J]. 冰川冻土, 2009, 31 (3): 457-463.

傅帅, 蒋勇, 徐士琦, 等. 1960—2015年吉林省积雪初、终日期变化特征及其与气温和降水的关系 [J]. 干旱气象, 2017, 35 (4): 567-574.

郭兴健, 邵全琴. 基于无人机遥感的三江源国家公园藏野驴种群数量及生境时空变化研究 [J/OL]. 生态学报: 2023, 1-10. https://doi.org/10.20103/j.stxb.202207282161.

韩春光. 新疆石河子 58 年积雪变化特征 [J]. 中国农学通报, 2013, 29 (32):
　　350-354.

韩翠华, 郝志新, 郑景云. 1951—2010 年中国气温变化分区及其区域特征 [J]. 地理
　　科学进展, 2013, 32 (6): 887-896.

韩兰英, 孙兰东, 张存杰, 等. 祁连山东段积雪面积变化及其区域气候响应 [J]. 干旱
　　区资源与环境, 2011, 25 (5): 109-112.

韩添丁, 叶柏生, 焦克勤. 天山天格尔山南北坡气温变化特征研究 [J]. 冰川冻土,
　　2002, 24 (5): 567-570.

韩熠哲, 马伟强, 王炳赟, 等. 青藏高原近 30 年降水变化特征分析 [J]. 高原气象,
　　2017, 36 (6): 1477-1486.

郝祥云, 朱仲元, 宋海清, 等. 锡林河流域积雪时空特征及其对径流的影响 [J]. 水土
　　保持研究, 2017, 24 (6): 360-365.

贺伟, 布仁仓, 熊在平, 等. 1961—2005 年东北地区气温和降水变化趋势 [J]. 生态学
　　报, 2013, 33 (2): 519-531.

贺英. 1961—2015 年阿勒泰地区积雪变化特征研究 [J]. 陕西水利, 2018 (2): 38-39.

侯小刚, 李帅, 张旭, 等. 基于 MODIS 积雪产品的中国天山山区积雪时空分布特征研
　　究 [J]. 沙漠与绿洲气象, 2017, 11 (3): 9-16.

胡豪然, 梁玲. 近 50 年青藏高原东部冬季积雪的时空变化特征 [J]. 地理学报, 2013,
　　68 (11): 1493-1503.

胡姗姗, 熊敏, 熊世为, 等. 1952—2016 年滁州地区冰冻积雪时空特征及影响因子分析
　　[J]. 浙江农业科学, 2017, 58 (12): 2129-2134.

怀保娟, 李忠勤, 孙美平, 等. SRM 融雪径流模型在乌鲁木齐河源区的应用研究 [J].
　　干旱区地理, 2013, 36 (1): 41-48.

黄艳艳, 赵红莉, 蒋云钟, 等. 雅砻江上游径流及影响因素关系研究 [J]. 干旱区地
　　理, 2018, 41 (1): 127-133.

姜康, 包刚, 乌兰图雅, 等. 基于 MODIS 数据的蒙古高原积雪时空变化研究 [J]. 干
　　旱区地理, 2019, 42 (4): 782-789.

姜琪, 罗斯琼, 文小航, 等. 1961—2014 年青藏高原积雪时空特征及其影响因子 [J].
　　高原气象, 2020, 39 (1): 24-36.

金翠, 张柏, 刘殿伟, 等. 东北地区 MODIS 亚像元积雪覆盖率反演及验证 [J]. 遥感技术与应用, 2008, 23 (2): 195-201, 111.

康世昌, 郭万钦, 吴通华, 等. "一带一路" 区域冰冻圈变化及其对水资源的影响 [J]. 地球科学进展, 2020, 35 (1): 1-17.

康世昌, 郭万钦, 钟歆玥, 等. 全球山地冰冻圈变化、影响与适应 [J]. 气候变化研究进展, 2020, 16 (2): 143-152.

康颖, 张磊磊, 张建云, 等. 近 50a 来黄河源区降水、气温及径流变化分析 [J]. 人民黄河, 2015, 37 (7): 9-12.

柯长青, 李培基. 青藏高原积雪分布与变化特征 [J]. 地理学报, 1998a, (3): 19-25.

柯长青, 李培基. 用 EOF 方法研究青藏高原积雪深度分布与变化 [J]. 冰川冻土, 1998b, 20 (1): 64-67.

孔锋. 中国积雪时空演变特征及其与海气环流因子的时序关联性 [J]. 水利水电技术, 2020, 51 (6): 10-20.

蓝永超, 沈永平, 高前兆, 等. 祁连山西段党河山区流域气候变化及其对出山径流的影响与预估 [J]. 冰川冻土, 2011, 33 (6): 1259-1267.

雷向杰, 李亚丽, 李茜, 等. 1962—2014 年秦岭主峰太白山地区积雪变化特征及其成因分析 [J]. 冰川冻土, 2016, 38 (5): 1201-1210.

李晨昊, 萨楚拉, 刘桂香, 等. 2000—2017 年蒙古高原积雪时空变化及其对气候响应研究 [J]. 中国草地学报, 2020, 42 (2): 95-104.

李海花, 刘大锋, 李杨, 等. 近 33 a 新疆阿勒泰地区积雪变化特征及其与气象因子的关系 [J]. 沙漠与绿洲气象, 2015, 9 (5): 29-35.

李洪源, 赵求东, 吴锦奎, 等. 疏勒河上游径流组分及其变化特征定量模拟 [J]. 冰川冻土, 2019, 41 (4): 907-917.

李鸿雁, 田琪, 王小军, 等. 嫩江流域径流时空演化规律分析 [J]. 吉林大学学报 (地球科学版), 2014, 44 (4): 1282-1289.

李江风. 乌鲁木齐河山区冰雪水资源及径流量丰枯频率 [J]. 新疆气象, 2002 (1): 30-33.

李晶, 刘时银, 魏俊锋, 等. 塔里木河源区托什干河流域积雪动态及融雪径流模拟与预估 [J]. 冰川冻土, 2014, 36 (6): 1508-1516.

李攀. 海拉尔河流域景观分布格局变化及其驱动因子分析 [D]. 呼和浩特：内蒙古大学, 2011.

李培基, 米德生. 中国积雪的分布 [J]. 冰川冻土, 1983, 5 (4)：9-18.

李培基. 青藏高原积雪对全球变暖的响应 [J]. 地理学报, 1996, 51 (3)：260-265.

李培基. 积雪大尺度气候效应综述 [J]. 冰川冻土, 1993, 15 (4)：595-601.

李帅, 侯小刚, 郑照军, 等. 基于 2001—2015 年遥感数据的天山山区雪线监测及分析 [J]. 水科学进展, 2017, 28 (3)：364-372.

李文杰, 袁潮霞, 赵平. 青藏高原地区积雪及其变化的不确定性：3 种积雪观测资料的对比分析 [J]. 气象科学, 2018, 38 (6)：719-729.

李小兰, 张飞民, 王澄海. 中国地区地面观测积雪深度和遥感雪深资料的对比分析 [J]. 冰川冻土, 2012, 34 (4)：755-764.

李亚丽, 雷向杰, 李茜, 等. 1953—2016 年华山积雪变化特征及其与气温和降水的关系 [J]. 冰川冻土, 2020, 42 (3)：791-800.

李宗杰, 段然, 柯浩成, 等. 基于水化学特征的长江源区生态水文学研究进展 [J]. 冰川冻土, 2022, 44 (1)：288-298.

梁鹏斌, 李忠勤, 张慧. 2001—2017 年祁连山积雪面积时空变化特征 [J]. 干旱区地理, 2019, 42 (1)：56-66.

刘宝河, 左合君, 董智, 等. 一次降雪的积雪密实化过程研究 [J]. 干旱区资源与环境, 2017, 31 (1)：178-184.

刘彩虹. 湿地演变及其水文驱动机制分析——以嫩江流域为例 [J]. 地下水, 2014, 36 (6)：135-136.

刘金平, 张万昌, 邓财, 等. 2000—2014 年西藏雅鲁藏布江流域积雪时空变化分析及对气候的响应研究 [J]. 冰川冻土, 2018, 40 (4)：643-654.

刘俊峰, 陈仁升, 宋耀选. 中国积雪时空变化分析 [J]. 气候变化研究进展, 2012, 8 (5)：55-62.

刘明春. 石羊河流域气候干湿状况分析及评价 [J]. 生态学杂志, 2006 (8)：880-884.

刘世博, 臧淑英, 张丽娟, 等. 东北冻土区积雪深度时空变化遥感分析 [J]. 冰川冻土, 2018, 40 (2)：261-269.

刘天龙, 杨青, 秦榕, 等. 新疆叶尔羌河源流区气候暖湿化与径流的响应研究 [J]. 干旱区资源与环境, 2008 (9): 49-53.

刘晓娇, 陈仁升, 刘俊峰, 等. 黄河源区积雪变化特征及其对春季径流的影响 [J]. 高原气象, 2020, 39 (2): 226-233.

刘洵, 金鑫, 柯长青. 中国稳定积雪区 IMS 雪冰产品精度评价 [J]. 冰川冻土, 2014, 36 (3): 500-507.

鲁博权, 刘世博. 1979—2014 年黑龙江省冻土区积雪深度时空变化分析 [J]. 哈尔滨师范大学自然科学学报, 2017, 33 (6): 105-110.

陆胤昊, 叶柏生, 李翀. 冻土退化对海拉尔河流域水文过程的影响 [J]. 水科学进展, 2013, 24 (3): 319-325.

路倩, 李宝富, 王志慧, 等. 1979—2014 年东北地区雪深时空变化与大气环流的关系 [J]. 冰川冻土, 2018, 40 (5): 907-915.

罗继, 路学敏. 2004—2009 年阿克苏地区积雪分布特征及其对春季径流的影响 [J]. 沙漠与绿洲气象, 2011, 5 (5): 35-38.

吕爱锋, 贾绍凤, 燕华云, 等. 三江源地区融雪径流时间变化特征与趋势分析 [J]. 资源科学, 2009, 31 (10): 1704-1709.

吕姣姣, 雷晓云, 魏宾, 等. 乌鲁木齐河流域积雪面积变化及其对径流的影响 [J]. 水文, 2016, 36 (4): 26-30.

吕少宁, 李栋梁, 文军, 等. 全球变暖背景下青藏高原气温周期变化与突变分析 [J]. 高原气象, 2010, 29 (6): 1378-1385.

马东峰. 石羊河流域产水和水源涵养时空变化特征及其影响因素 [D]. 兰州: 西北师范大学, 2022.

马丽娟, 秦大河. 1957—2009 年中国台站观测的关键积雪参数时空变化特征 [J]. 冰川冻土, 2012, 34 (1): 1-11.

毛树娜, 李爱军, 拉毛求吉. 2008—2018 曲麻莱县积雪日数变化特征分析 [J]. 农村实用技术, 2019 (4): 117.

孟秀敬, 张士锋, 张永勇. 河西走廊 57 年来气温和降水时空变化特征 [J]. 地理学报, 2012, 67 (11): 1482-1492.

南林江. 澜沧江流域多源卫星降水数据适用性评估与融合 [D]. 南宁: 广西大学, 2022.

南卓铜, 高泽深, 李述训, 等. 近 30 年来青藏高原西大滩多年冻土变化 [J]. 地理学报, 2003 (6): 817-823.

乔德京, 王念秦, 李震, 等. 1980—2009 水文年青藏高原积雪物候时空变化遥感分析 [J]. 气候变化研究进展, 2018, 14 (2): 137-143.

秦大河. 冰冻圈科学概论 [M]. 北京: 科学出版社, 2017.

任娟慧, 李卫平, 任波, 等. SWAT 模型在海拉尔河流域径流模拟中的应用研究 [J]. 水文, 2016, 36 (2): 51-55.

任艳群, 刘苏峡. 北半球积雪/海冰面积与温度相关性的差异分析 [J]. 地理研究, 2018, 37 (5): 870-882.

肉克亚木·艾克木, 玉素甫江·如素力. 伊犁河谷流域积雪分布及其变化分析 [J]. 测绘科学, 2020, 45 (6): 157-164.

肉克亚木·艾克木, 玉素甫江·如素力, 玛地尼亚提·地里夏提. 博斯腾湖流域积雪的时空变化特征及其与气候因子的关系 [J]. 水生态学杂志, 2020, 41 (4): 9-18.

沈鏊澄, 吴涛, 游庆龙, 等. 青藏高原中东部积雪深度时空变化特征及其成因分析 [J]. 冰川冻土, 2019, 41 (5): 1150-1161.

沈永平, 苏宏超, 王国亚, 等. 新疆冰川、积雪对气候变化的响应 (Ⅰ): 水文效应 [J]. 冰川冻土, 2013, 35 (3): 513-527.

沈永平, 王国亚, 苏宏超, 等. 新疆阿尔泰山区克兰河上游水文过程对气候变暖的响应 [J]. 冰川冻土, 2007 (6): 845-854.

盛煜, 李静, 吴吉春, 等. 基于 GIS 的疏勒河流域上游多年冻土分布特征 [J]. 中国矿业大学学报, 2010, 39 (1): 32-39.

施雅风, 沈永平, 李栋梁, 等. 中国西北气候由暖干向暖湿转型的特征和趋势探讨 [J]. 第四纪研究, 2003 (2): 152-164.

宋雯雯, 郭洁. 大渡河流域积雪特征及其与气候要素和径流的关系 [J]. 高原山地气象研究, 2017, 37 (2): 45-49.

孙华方, 李希来, 金立群, 等. 黄河源人工草地土壤微生物多样性对建植年限的响应 [J]. 草业学报, 2021, 30 (2): 46-58.

孙士超, 陈圣波, 杨倩, 等. 小流域积雪时空变化特征对比研究 [J]. 地理空间信息, 2018, 16 (1): 35-39.

孙晓瑞，高永，丁延龙，等. 内蒙古积雪时空分布特征及其与气候因子的相关性 [J].
　　内蒙古林业科技，2017，43（2）：10-15.

唐德善，蒋晓辉. 黑河调水及近期治理后评价 [M]. 北京：中国水利水电出版
　　社，2009.

唐志光，王建，王欣，等. 近15年天山地区积雪时空变化遥感研究 [J]. 遥感技术与
　　应用，2017a，32（3）：556-563.

唐志光，王建，王欣，等. 基于 MODIS 数据的青藏高原积雪日数提取与时空变化分析
　　[J]. 山地学报，2017b，35（3）：412-419.

汪箫悦，王思远，尹航，等. 2002—2012年青藏高原积雪物候变化及其对气候的响应
　　[J]. 地球信息科学学报，2016，18（11）：1573-1579.

王澄海，王芝兰，崔洋. 40余年来中国地区季节性积雪的空间分布及年际变化特征
　　[J]. 冰川冻土，2009，31（2）：301-310.

王春学，李栋梁. 中国近50a积雪日数与最大积雪深度的时空变化规律 [J]. 冰川冻
　　土，2012，34（2）：247-256.

王根绪，李元寿，王一博，等. 长江源区高寒生态与气候变化对河流径流过程的影响
　　分析 [J]. 冰川冻土，2007（2）：159-168.

王冠，陈涵如，王平，等. 俄罗斯环北极地区地表径流变化及其原因 [J]. 资源科学，
　　2020，42（2）：346-357.

王海娥，李生辰，张青梅，等. 青海高原1961—2013年积雪日数变化特征分析 [J]. 冰
　　川冻土，2016，38（5）：1219-1226.

王慧，王梅霞，王胜利，等. 1961—2017年新疆积雪期时空变化特征及其与气象因子
　　的关系 [J]. 冰川冻土，2021，43（1）：61-69.

王佳雪. 石羊河流域生态安全格局尺度差异与协同研究 [D]. 兰州：西北师范大
　　学，2022.

王建，车涛，李震，等. 中国积雪特性及分布调查 [J]. 地球科学进展，2018，33
　　（1）：12-26.

王建，李硕. 气候变化对中国内陆干旱区山区融雪径流的影响 [J]. 中国科学（D辑：
　　地球科学），2005，35（7）：664-670.

王敬哲，刘志辉，塔西甫拉提·特依拜，等. 呼图壁河基流变化及其影响因素 [J]. 中

国沙漠，2017，37（4）：793-801.

王可逸. 黑河流域树轮稳定氮同位素比率变化与树木生长研究［D］. 西安：陕西师范大学，2021.

王岚，刘志辉，姚俊强，等. 1978—2011 年呼图壁河径流的变化趋势［J］. 水土保持通报，2015，35（3）：62-67.

王宁练，姚檀栋，徐柏青，等. 全球变暖背景下青藏高原及周边地区冰川变化的时空格局与趋势及影响［J］. 中国科学院院刊，2019，34（11）：1220-1232.

王顺久. 青藏高原积雪变化及其对中国水资源系统影响研究进展［J］. 高原气象，2017，36（5）：1153-1164.

王婷，李照国，吕世华，等. 青藏高原积雪对陆面过程热量输送的影响研究［J］. 高原气象，2019，38（5）：920-934.

王晓钰. 基于多源卫星降水数据的长江源区径流模拟研究［D］. 北京：中国矿业大学，2022.

王嫣娇，左合君，刘宝河. 中国积雪时空分布研究进展［J］. 内蒙古林业科技，2017，43（3）：47-51.

王叶堂，何勇，侯书贵. 2000—2005 年青藏高原积雪时空变化分析［J］. 冰川冻土，2007（6）：855-861.

吴建国，朱高，周巧富. 山地高寒草甸地表积雪特征的初步观测［J］. 草地学报，2016，24（6）：1192-1196.

吴珊珊，姚治君，姜丽光，等. 基于 MODIS 的长江源植被 NPP 时空变化特征及其水文效应［J］. 自然资源学报，2016，31（1）：39-51.

吴玮，刘禹. 基于多时相高分四号影像的雪盖范围提取［J］. 华中师范大学学报（自然科学版），2018，52（6）：894-900.

席小康，朱仲元，宋小园，等. 锡林河流域融雪径流时间变化特征与成因分析［J］. 水土保持研究，2016，23（6）：150-153，159.

夏静雯，蔡仕博，申子彬，等. 鄞州区积雪变化特征及其对农业的影响因素分析［J］. 浙江农业科学，2019，60（7）：1138-1142.

向燕芸，陈亚宁，张齐飞，等. 天山开都河流域积雪、径流变化及影响因子分析［J］. 资源科学，2018，40（9）：1855-1865.

肖雄新, 张廷军. 基于被动微波遥感的积雪深度和雪水当量反演研究进展 [J]. 地球科学进展, 2018, 33 (6): 590-605.

邢武成, 李忠勤, 张慧, 等. 1959 年来中国天山冰川资源时空变化 [J]. 地理学报, 2017, 72 (9): 1594-1605.

徐磊磊, 刘敬林, 金昌杰, 等. 水文过程的基流分割方法研究进展 [J]. 应用生态学报, 2011, 22 (11): 3073-3080.

徐士琦, 傅帅, 张小泉. 1961—2016 年吉林省积雪增量与积雪日数时空变化特征 [J]. 气象与环境学报, 2018, 34 (2): 44-51.

许显花, 李延林, 刘义花, 等. 黄南南部近 56 年积雪变化分析研究 [J]. 高原山地气象研究, 2016, 36 (4): 65-70.

轩玮, 李翀, 赵慧颖, 等. 额尔古纳河流域近 50 年水文气象要素变化分析 [J]. 水文, 2011, 31 (5): 80-87.

薛强, 吕继强, 罗平平, 等. 和田河流域山区积雪覆盖时空变化规律研究 [J]. 中国农村水利水电, 2020 (1): 88-96.

杨建平, 丁永建, 刘俊峰. 长江黄河源区积雪空间分布与年代际变化 [J]. 冰川冻土, 2006, 28 (5): 648-655.

杨林, 马秀枝, 李长生, 等. 积雪时空变化规律及其影响因素研究进展 [J]. 西北林学院学报, 2019, 34 (6): 96-102.

杨晓玲, 马中华, 马玉山, 等. 石羊河流域季节性冻土的时空分布及对气温变化的响应 [J]. 资源科学, 2013, 35 (10): 2104-2111.

杨修群, 张琳娜. 1988—1998 年北半球积雪时空变化特征分析 [J]. 大气科学, 2001 (6): 757-766.

杨志刚, 达娃, 除多. 近 15a 青藏高原积雪覆盖时空变化分析 [J]. 遥感技术与应用, 2017, 32 (1): 27-36.

姚檀栋, 余武生, 邬光剑, 等. 青藏高原及周边地区近期冰川状态失常与灾变风险 [J]. 科学通报, 2019, 64 (27): 2770-2782.

余晓, 王昊, 李翀, 等. 基于 MODIS/EVI 的额尔古纳河流域植被变化分析 [J]. 中国水利水电科学研究院学报, 2011, 9 (2): 110-115, 120.

扎西欧珠, 拉巴卓玛, 普布次仁, 等. 利用 FY-3B 卫星提取西藏积雪信息研究 [J].

高原科学研究, 2018, 2 (4): 21-30.

翟盘茂, 周琴芳. 北半球雪盖变化与我国夏季降水 [J]. 应用气象学报, 1997 (2): 103-108.

张宝贵, 赵宇婷, 刘晓娇, 等. 翻耕补播对青藏高原疏勒河上游高寒草甸土壤可培养微生物数量的影响 [J]. 冰川冻土, 2020, 42 (3): 1027-1035.

张峰, 甄熙, 郑凤杰. 内蒙古 1960—2015 年积雪时空分布变化研究 [J]. 现代农业, 2018 (8): 82-85.

张杰, 韩涛, 王建. 祁连山区 1997—2004 年积雪面积和雪线高度变化分析 [J]. 冰川冻土, 2005, 27 (5): 649-654.

张娟, 徐维新, 王力, 等. 三江源腹地玉树地区动态融雪过程及其与气温关系分析 [J]. 高原气象, 2018, 37 (4): 936-945.

张俊岚, 段建军. 阿克苏河流域春季径流变化及气候成因分析 [J]. 高原气象, 2009, 28 (2): 465-473.

张丽旭, 魏文寿. 天山西部中山带积雪变化趋势与气温和降水的关系——以巩乃斯河谷为例 [J]. 地理科学, 2002 (1): 67-71.

张淑杰, 陈艳秋, 王萍, 等. 东北地区最大雪深、雪压及日光温室垮棚致灾指标 [J]. 生态学杂志, 2016, 35 (6): 1601-1607.

张苏江, 陈庆波. 数据统计分析软件 SPSS 的应用 (五) ——相关分析与回归分析 [J]. 畜牧与兽医 2003, 35 (9): 16-18.

张廷军, 钟歆玥. 欧亚大陆积雪分布及其类型划分 [J]. 冰川冻土, 2014, 36 (3): 481-490.

张薇, 宋燕, 王式功, 等. 青藏高原冬春积雪特征及其对我国夏季降水的影响 [J]. 气象科技, 2019, 47 (6): 941-951.

张文博, 肖鹏峰, 冯学智. 基于 MODIS 数据的我国天山典型区积雪特征研究 [J]. 遥感技术与应用, 2012, 27 (5): 746-753.

张晓闻, 臧淑英, 孙丽. 近 40 年东北地区积雪日数时空变化特征及其与气候要素的关系 [J]. 地球科学进展, 2018, 33 (9): 958-968.

张鑫钰, 柳锦宝, 郭斌, 等. 2000—2015 年阿坝州积雪时空特征研究 [J]. 干旱区资源与环境, 2019, 33 (1): 131-136.

赵辉, 王淑莲. 塔里木河流域的水系变迁与绿洲演变 [J]. 农业考古, 2015 (3): 207-212.

赵军, 黄永生, 师银芳, 等. 2000—2012 年祁连山中段雪线与气候变化关系 [J]. 山地学报, 2015, 33 (6): 683-689.

赵良菊, 肖洪浪, 程国栋, 等. 黑河下游河岸林植物水分来源初步研究 [J]. 地球学报, 2008, 29 (6): 709-718.

郑玉萍, 宫恒瑞, 崔玉玲, 等. 乌鲁木齐南山中山带积雪特征分析 [J]. 沙漠与绿洲气象, 2013, 7 (2): 29-33.

中国气象局. 地面气象观测规范 [M]. 北京: 气象出版社, 2003.

钟镇涛, 黎夏, 许晓聪, 等. 1992—2010 年中国积雪时空变化分析 [J]. 科学通报, 2018, 63 (25): 2641-2654.

周晓莉, 假拉, 肖天贵. 西藏积雪的空间分布特征及时间演变规律 [J]. 成都信息工程大学学报, 2016, 31 (5): 508-518.

周扬, 徐维新, 白爱娟, 等. 青藏高原沱沱河地区动态融雪过程及其与气温关系分析 [J]. 高原气象, 2017, 36 (1): 24-32.

周扬, 徐维新, 张娟, 等. 2013—2015 年青藏高原玛多地区两次动态融雪过程及其与气温关系对比分析 [J]. 自然资源学报, 2017, 32 (1): 101-113.

周远刚, 赵锐锋, 张丽华, 等. 博格达峰地区冰川和积雪变化遥感监测及影响因素分析 [J]. 干旱区地理, 2019, 42 (6): 1395-1403.

卓越, 肖鹏峰, 冯学智, 等. 新疆阿勒泰克兰河中游地区冬季积雪分布及特性分析 [J]. 冰川冻土, 2017, 39 (5): 979-988.

温切尔, 等. ArcSWAT 2009 用户指南 [M]. 邹松兵, 陆志翔, 龙爱华, 等译, 肖洪浪, 许宝荣, 蔡晓慧, 等校. 郑州: 黄河水利出版社, 2012.

左合君, 王嫣娇, 刘宝河, 等. 锡林郭勒积雪日数时空分布规律研究 [J]. 干旱区地理, 2018, 41 (2): 255-263.

AMAP. Snow, water, ice and permafrost in the Arctic (SWIPA) [R]. Arctic Monitoring and Assessment Programme (AMAP). 2011.

Armstrong RL, Brodzik MJ. Recent Northern Hemisphere snow extent: A comparison of data derived from visible and microwave satellite sensors [J]. Geophysical Research Letters,

2001, 28 (19): 3673-3676.

Balk B, Elder K. Combining binary decision tree and geostatistical methods to estimate snow distribution in a mountain watershed [J]. Water Resources Research, 2000, 36 (1): 13-26.

Barnett TP, Adam JC, Lettenmaier DP. Potential impacts of a warming climate on water availability in snow-dominated regions [J]. Nature, 2005, 438 (7066): 303-309.

Barry RG, Armstrong RL. Snow cover data management: the role of WDC-A for glaciology [J]. International Association of Scientific Hydrology Bulletin, 1987, 32 (3): 281-295.

Bavay M, Grünewald T, Lehning M. Response of snow cover and runoff to climate change in high Alpine catchments of Eastern Switzerland [J]. Advances in Water Resources, 2013, 55: 4-16.

Beniston M, Keller F, Koffi B, Goyette S. Estimates of snow accumulation and volume in the Swiss Alps under changing climatic conditions. Theoretical and Applied Climatology, 2003, 76 (3-4): 125-140.

Berghuijs WR, Woods RA, Hrachowitz M. A precipitation shift from snow towards rain leads to a decrease in streamflow [J]. Nature Climate Change, 2014, 4 (7) : 583-586.

Box JE, Colgan WT, ChristensenTR, Schmidt NM, Lund M, Parmentier FW, Brown R, Bhatt US, Euskirchen ES, Romanovsky VE, Walsh JE, Overland JE, Wang MY, Corell RW, Meier WN, Wouters B , Mernild S, Mård J, Pawlak J, Olsen MS. Key indicators of Arctic climate change: 1971-2017 [J]. Environmental Research Letters, 2019, (14) 045010.

Brown RD, Braaten RO. Spatial and temporal variability of Canadian monthly snow depth, 1946-1995 [J]. Atmosphere-Ocean, 1998, 36 (1): 37-54.

Brown RD, Robinson DA. Northern Hemisphere spring snow cover variability and change over 1922-2010 including an assessment of uncertainty [J]. The Cryosphere, 2011, 5 (1): 219-229.

Brown RD. Northern Hemisphere Snow Cover Variability and Change, 1915-97 [J]. Journal of Climate, 2000, 13 (13): 2339-2355.

Bulygina ON, Razuvaev VN, Korshunova NN. Changes in snow cover over Northern Eurasia in the last few decades [J]. Environmental Research Letters, 2009, 4: 045026.

Carey SK, Boucher JL, Duarte CM. Inferring groundwater contributions and pathways to streamflow during snowmelt over multiple years in a discontinuous permafrost subarctic environment (Yukon, Canada) [J]. Hydrogeology Journal, 2013, 21 (1): 67–77.

Cayan DR. Interannual climate variability and snowpack in the western United States [J]. Journal of Climate, 1996, 9 (5): 928–948.

Chapin III FS, Sturm M, Serreze MC, McFadden JP, Key JR, Lloyd AH, McGuire AD, Rupp TS, Lynch AH, Schimel JP, Beringer J, Chapman WL, Epstein HE, Euskirchen ES, Hinzman LD, Jia G, Ping CL, Tape KD, Thompson CDC, Walker DA, Welker J M. Role of land–surface changes in Arctic summer warming [J]. Science, 2005, 310: 657–660.

Che T, Dai LY, Zheng XM, Li XF, Zhao K. Estimation of snow depth from passive microwave brightness temperature data in forest regions of northeast China [J]. Remote Sensing of Environment, 2016, 183: 334–349.

Che T, Li X, Jin R, Armstrong R, Zhang TJ. Snow depth derived from passive microwave remote–sensing data in China [J]. Annals of Glaciology, 2008, 49: 145–154.

Chen RS, Wang G, Yang Y, Liu JF, Han CT, Song YX, Liu ZW, Kang ES. Effects of cryospheric change on alpine hydrology: Combining a model with observations in the upper reaches of the Hei River, China [J]. Journal of Geophysical Research: Atmospheres, 2018, 123: 3414–3442.

Choi G, Robinson D, Kang S. Changing northern hemisphere snow seasons [J]. Journal of Climate, 2010, 23 (19): 5305–5310.

Clow DW. Changes in the timing of snowmelt and streamflow in Colorado: A response to recent warming [J]. Journal of Climate, 2010, 23 (9): 2293–2306.

Cohen J, Rind D. The effect of snow cover on the climate [J]. Journal of Climate, 1991, 4: 689–706.

Cook AJ, Fox AJ, Vaughan DG, Ferrigno JG. Retreating glacier fronts on the Antarctic Peninsula over the past half–century [J]. Science, 2005, 308: 541–544.

DaiLY, Che T, Ding YJ, Hao XH. Evaluation of snow cover and snow depth on the Qinghai–Tibetan Plateau derived from passive microwave remote sensing [J]. The Cryosphere, 2017, 11 (4): 1933–1948.

Dai LY, Che T, Ding YJ. Inter-calibrating SMMR, SSM/I and SSMI/S data to improve the consistency of snow-depth products in China [J]. Remote Sensing, 2015, 7: 7212-7230.

Dai LY, Che T, Wang J, Zhang P. Snow depth and snow water equivalent estimation from AM-SR-E data based on a priori snow characteristics in Xinjiang, China [J]. Remote Sensing of Environment, 2012, 127: 14-29.

Derksen C, Toose P, Rees A, Wang L, English M, Walker A, Sturm M. Development of a tundra-specific snow water equivalent retrieval algorithm for satellite passive microwave data [J]. Remote Sensing of Environment, 2010, 114 (8): 1699-1709.

Déry SJ, Brown RD. Recent Northern Hemisphere snow cover extent trends and implications for the snow-albedo feedback [J]. Geophysical Research Letters, 2007, 34: L225504.

Dietza AJ, Kuenzera C, Conrad C. Snow-cover variability in central Asia between 2000 and 2011 derived from improved MODIS daily snow-cover products [J]. International Journal of Remote Sensing, 2013, 34 (11): 3879-3902.

Döl Pl, Trautmann T, Gerten D, Schmied HM, Ostberg S, Saaed F, Schleussner CF. Risks for the global freshwater system at 1. 5℃ and 2℃ global warming [J]. Environmental Research Letters, 2018, (13) 044038.

Dyer JL, Mote TL. Spatial variability and trends in observed snow depth over North America [J]. Geophysical Research Letters, 2006, 33: L16503.

Egli L, Jonas T. Hysteretic dynamics of seasonal snow depth distribution in the Swiss Alps [J]. Geophysical Research Letters, 2009, 36, L02501.

Essery R. Seasonal snow cover and climate change in the Hadley Centre GCM [J]. Annals of Glaciology, 1997, 25: 362-366.

Frei C, Schär C. Detection probability of trend in rare events: Theory and application to heavy precipitation in the Alpine region [J]. Journal of Climate, 2001, 14 (7): 1568-1584.

Godsey SE, Kirchner JW, Tague CL. Effects of changes in winter snowpacks on summer low flows: case studies in the Sierra Nevada, California, USA [J]. Hydrological Processes, 2014, 28 (19): 5048-5064.

Gutzler DS, Rosen RD. Interannual variability of wintertime snow cover across the Northern Hemisphere [J]. Journal of Climate, 1992, 5: 1441-1447.

Hancock S, Baxter R, Evans J, Huntley B. Evaluating global snow water equivalent products for testing land surface models [J]. Remote Sensing of Environment, 2013, 128: 107-117.

Hansen J, Nazarenko L. Soot climate forcing via snow and ice albedos [J]. PNAS, 2004, 101: 423-428.

Hori M, Sugiura K, Kobayashi K, Aoki T, Tanikawa T, Kuchiki K, Niwano M, Enomoto H. A 38-year (1978-2015) Northern Hemisphere daily snow cover extent product derived using consistent objective criteria from satellite-borne optical sensors [J]. Remote Sensing of Environment, 2017, 191: 402-418.

Hu ZY, Dietz A, Kuenzer C. The potential of retrieving snow line dynamics from Landsat during the end of the ablation seasons between 1982 and 2017 in European mountains [J]. International Journal of Applied Earth Observation and Geoinformation, 2019, 78: 138-148.

Huang XD, Deng J, Wang W, Feng QS, Liang TG. Impact of climate and elevation on snow cover using integrated remote sensing snow products in Tibetan Plateau [J]. Remote Sensing of Environment, 2017, 190: 274-288.

Immerzeel WW, Droogers P, de Jong SM, Bierkens MFP. Large-scale monitoring of snow cover and runoff simulation in Himalayan river basins using remote sensing [J]. Remote Sensing of Environment, 2009, 113: 40-49.

Immerzeel WW, van Beek LPH, Bierkens MFP. Climate change will affect the Asian Water Towers [J]. Science, 2010, 328 (5984): 1382-1385.

IPCC. Climate change 2013: the physical science basis. Contribution of working group I to the fifth assessment report of the intergovernmental panel on climate change [M]. Cambridge: Cambridge University Press, 2013.

Jenicek M, Seibert J, Zappa M, Staudinger M, Jonas T. Importance of maximum snow accumulation for summer low flows in humid catchments [J]. Hydrology and Earth System Sciences, 2016, 20 (2): 859-874.

Ji F, Wu ZH, Huang JP, Chassignet EP. Evolution of land surface air temperature trend [J]. Nature Climate Change, 2014, 4 (6): 462-466.

Kelly RE, Chang AT, Tsang L, Foster JL. A Prototype AMSR-E Global Snow Area and Snow

Depth Algorithm [J]. IEEE Transaction on Geoscience and Remote Sensing, 2003, 41 (2): 230-242.

Kelly REJ, Chang ATC. Development of a passive microwave global snow depth retrieval algorithm for SSM/I and AMSR-E data [J]. Radio Science, 2003. 38 (4): 8076.

Klaus J, McDonnell JJ. Hydrograph separation using stable isotopes: Review and evaluation [J]. Journal of Hydrology, 2013, 505: 47-64.

Klein G, Vitasse Y, Rixen C, Marty C, Rebetez M. Shorter snow cover duration since 1970 in the Swiss Alps due to earlier snowmelt more than to later snow onset [J]. Climatic Change, 2016, 139 (3-4) : 637-649.

Knowles N, Dettinger MD, Cayan DR. Trends in snowfall versus rainfall in the western United States [J]. Journal of Climate, 2006, 19 (18): 4545-4559.

Leung LR, Qian Y, Bian X, Washington WM, Han J, Roads JO. Mid-Century Ensemble Regional Climate Change Scenarios for the Western United States [J]. Climatic Change, 2004, 62 (1-3): 75-113.

Li BF, Chen YN, Chen ZS, Li WH, Zhang BH. Variations of temperature and precipitation of snowmelt period and its effect on runoff in the mountainous areas of Northwest China [J]. Journal of Geographical Sciences, 2013, 23 (1): 17-30.

Li ZX, Feng Q, Liu W, Wang TT, Cheng AF, Gao Y, Guo XY, Pan YH, Li JG, Guo R, Jia B. Study on the contribution of cryosphere to runoff in the cold alpine basin: A case study of Hulugou River Basin in the Qilian Mountains [J]. Global and Planetary Change, 2014, 122: 345-361.

Liu XJ , Chen RS , Liu JF , Wang XQ, Zhang BG, Han CT, Liu GH, Guo SH, Liu ZW, Song YX, Yang Y, Zheng Q, Wang L. Effects of snow-depth change on spring runoff in cryosphere areas of China [J]. Hydrological Sciences Journal, 2019, 64 (7): 789-797.

Lo F, Clark MP. Relationships between spring snow mass and summer precipitation in the southwestern US associated with the North American monsoon system [J]. Journal of Climate, 2001, 15: 1378-1385.

Lundberg A, Koivusalo H. Estimating winter evaporation in boreal forests with operational snow course date [J]. Hydrological Processes, 2003, 8 (17): 1479-1493.

Marty C, Meister R. Long-term snow and weather observations at Weissfluhjoch and its relation to other high-altitude observatories in the Alps [J]. Theoretical and Applied Climatology, 2012, 110: 573-583.

Marty C. Regime shift of snow days in Switzerland [J]. Geophysical Research Letters, 2008, 35 (12): L12501.

Middelkoop H, Daamen k, Gellens D, Grabs W, Kwadijk JCJ, Lang H, Parmet BWAH, Schädler B, Schulla J, Wilke K. Impact of climate change on hydrological regimes and water resources management in the Rhine basin [J]. Climatic Change, 2001, 49 (1-2): 105-128.

Mote PW, Hamlet AF, Clark MP, lettenmaier DP. Declining Mountain Snowpack in western North America [J]. American Meteorological Society, 2005, 86 (1): 39-49.

Painter TH, Deems JS, Belnape J, Hamletf AF, Landryg CC, Udall B. Response of Colorado River runoff to dust radiative forcing in snow [J]. PNAS, 2010, 107 (40): 17125-17130.

Peng SS, Piao SL, Ciais P, Friedlingstein P, Zhou LM, Wang T. Change in snow phenology and its potential feedback to temperature in the Northern Hemisphere over the last three decades [J]. Environmental Research Letters, 2013, 8: 014008.

Piao SL, Friedlingstein P, Ciais P, de Noblet-Ducoudre N, Labat D, Zaehle S. Changes in climate and land use have a larger direct impact than rising CO_2 on global river runoff trends [J]. Proceedings of The National Academy of Sciences, 2007, 104 (39): 15242-15247.

Rind D, Peteet D, Broecker W, McIntyre A, Ruddiman W. The impact of cold North Atlantic sea surface temperatures on climate: Implications for the Younger Dryas cooling [J]. Climate Dynamics, 1986, 1: 3-33.

Saito K, Cohen J. The potential role of snow cover in forcing interannual variability of the major Northern Hemisphere mode [J]. Geophysical Research Letters, 2003, 30: 1302.

Schellnhuber HJ, Cramer W, Nakicenovic N, Wigley T, Yohe G. Avoiding Dangerous Climate Change [M]. Cambridge University Press, 2006.

Seidel FC, Rittger K, McKenzie Skiles S, Molotch NP, Painter TH. Case study of spatial and temporal variability of snow cover, grain size, albedo and radiative forcing in the Sierra Nevada and Rocky Mountain snowpack derived from imaging spectroscopy [J]. The Cryosphere, 2016, 10: 1229-1244.

Siderius C, Biemans H, Wiltshire A, Rao S, FranssenWHP, Kumar P, Gosain AK, van Vliet MTH, Collins DN. Snowmelt contributions to discharge of the Ganges [J]. Science of The Total Environment, 2013, 468: S93-S101.

Siegert M, Atkinson A, Banwell A, Brandon M, Convey P, Davies B, Downie R, Edwards T, Hubbard B, Marshall G, Rogelj J, Rumble J, Stroeve J, Vaughan D. The Antarctic Peninsula under a 1. 5℃ global warming scenario [J]. Frontiers in Environmental Science, 2019, doi. org/10. 3389/fenvs. 2019. 00102

Sorg A, Bolch T, Stoffel M, Solomina O, Beniston M. Climate change impacts on glaciers and runoff in Tien Shan (Central Asia) [J]. Nature Climate Change, 2012, 2: 725-731.

Stewart IT. Changes in snowpack and snowmelt runoff for key mountain regions [J]. Hydrological Processes, 2009, 23 (1): 78-94.

Tedesco M, Narvekar PS. Assessment of the NASA AMSR-E SWE product [J]. IEEE Journal of Selected Topics in Applied Earth Observations and Remote Sensing, 2010, 3 (1): 141-159.

Valt M, Cianfarra P. Recent snow cover variability in the Italian Alps [J]. Cold Regions Science and Technology, 2010, 64: 146-157.

Varhola A, Coops NC, Weiler M, Dan Moore R. Forest canopy effects on snow accumulation and ablation: An integrative review of empirical results [J]. Journal of Hydrology, 2010, 392: 219-233.

Vincent C, Meur EL, Funk M, Hoelzle M, Preunkert. Very High-Elevation Mont Blanc Glaciated Areas not Affected by the 20th Century Climate Change [J]. Journal of Geophysical Research 2007, 112: D09120.

Walker MD, Ingersoll RC, Webber PJ. Effects of interannual climate variation on phenology and growth of two alpine forbs [J]. Ecology, 1995, 76 (4): 1067-1083.

Walsh JE, Ross B. Sensitivity of 30-day dynamical forecasts to Continental snow cover [J]. Journal of Climate, 1988, 1: 739-754.

Wang X, Kvaal K, Ratnaweera H . Characterization of influent wastewater with periodic variation and snow melting effect in cold climate area [J]. Computers & Chemical Engineering, 2017, 106 (nov. 2): 202–211.

Wang XD, Kvaal K, Ratnaweera H. Characterization of influent wastewater with periodic variation and snow melting effect in cold climate area [J]. Computers and Chemical Engineering, 2017, 106: 202–211.

Xu CC, Chen YN, Hamid Y, Tashpolat T, Chen YP, Ge HT, Li WH. Long-term change of seasonal snow cover and its effects on river runoff in the Tarim River basin, northwestern China [J]. Hydrological Processes, 2010, 23 (14): 2045–2055.

Yan YM. Simulation of water resources in the upper reaches of the Yellow river and its future evolution [D]. East China Normal University, 2017.

Yang DQ, Robinson D, Zhao YY, Estilow T, Ye BS. Streamflow response to seasonal snow cover extent changes in large Siberian watersheds [J]. Journal of Geographical Research, 2003, 108 (D18): 4578.

Yang P, Xia J, Zhang YY, Hong S. Temporal and spatial variations of precipitation in Northwest China during 1960–2013 [J]. Atmospheric Research, 2017, 183: 283–295.

Ye HC, Cho HR, Gustafson PE. The Changes in Russian Winter Snow Accumulation during1936–83 and Its Spatial Patterns [J]. Journal of Climate, 1998, 11 (5): 856–863.

Yue S, Pilon P, Cavadias G. Power of the Mann–Kendall and Spearman's Rho Tests For Detecting Monotonic Trends in Hydrological Series [J]. Journal of Hydrology, 2002, 259: 254–271.

Zhang T. Influence of the seasonal snow cover on the ground thermal regime: An overview [J]. Reviews of Geophysics, 2005, 43 (4): 589–590.

Zhang YS, Ma N. Spatiotemporal variability of snow cover and snow water equivalent in the last three decades over Eurasia [J]. Journal of Hydrology, 2018, 559 : 238–251.

Zhong XY, Zhang TJ, Kang SC, Wang K, Zheng L, Hu Y, Wang HJ. Spatiotemporal variability of snow depth across the Eurasian continent from 1966 to 2012 [J]. The Crosphere, 2018, 12 : 227–245.